LES CONFESSIO

DE

SAINT AUGUSTIN

TRADUCTION REVUE

POUR LA JEUNESSE

PAR E. DU CHATENET.

LIMOGES

EUGÈNE ARDANT ET Cⁱᵉ, ÉDITEURS.

Teissier (F)

LES MERVEILLES

ET

MYSTÈRES DE L'OCÉAN.

1re SÉRIE GRAND IN-8°.

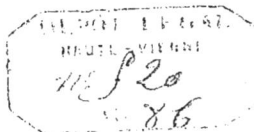

LES MERVEILLES

ET

MYSTÈRES DE L'OCÉAN

OU

VOYAGE SOUS-MARIN

DE SOUTHAMPTON AU CAP HORN

PAR

FRANÇOIS TEISSIER.

LIMOGES
EUGÈNE ARDANT ET Cⁱᵉ, ÉDITEURS.

LES MERVEILLES

ET

MYSTÈRES DE L'OCÉAN.

PREMIÈRE PARTIE.

CHAPITRE Iᵉʳ.

L'ESPION DE LA MER.

Il y a quelques années, le voyageur pouvait remarquer dans les environs de Copenhague, sur les bords de la mer, à un endroit qu'on nomme la pointe de Nordland, une maisonnette de chétive apparence qui semblait continuellement interroger l'horizon.

On eût dit que c'était la demeure d'un douanier, tant elle était bien située ; mais il n'en n'était rien.

Les Danois semblaient pour la plupart respecter cette habitation pleine de mystères.

Les uns disaient que c'était un espion qui avait fixé sa residence dans ces parages, les autres supposaient que c'était la solitude d'un savant distingué.

Ces derniers ne se trompaient point. En effet un homme semblant étudier les flots de la mer passait son existence à la pointe de Nordland ; mais on l'apercevait rarement. Jamais il n'avait adressé la parole à quelqu'un.

En un mot c'était l'intrigue de la capitale du Danemark.

Un jour de soleil radieux et plein de chaleur, je hasardai mes pas sur la grève, aimant à contempler l'horizon sans bornes qui se déroulait devant mes regards.

Fatigué de marcher sur le sable, je m'assis sur une pointe de rocher qui se montrait fort à propos non loin de moi.

Le site était pittoresque.

La grève changeait d'aspect tout à coup. Sur la droite s'élevait un petit monticule formé mi-partie par le sable de la mer, mi-partie par des excavations rocheuses.

On eût dit une espèce de promontoire ressemblant à un animal au repos, dont les pattes de devant baignaient dans la mer, laissant un espace libre entre les dites pattes.

Admirant la disposition naturelle de ce rocher, je m'en approchai plus près afin d'en prendre le croquis.

Le silence le plus complet m'entourait. J'étais tout entier à mon occupation, lorsque tout à coup le crayon m'échappa des mains.

Je venais d'apercevoir un personnage gravement assis dans l'anfractuosité du rocher, et me considérant avec attention.

Mon étonnement cessa bientôt, car je crus reconnaître

le propriétaire de la petite maison dont il a été question au début de ce chapitre.

J'étais bien venu à la promenade; mais ma curiosité n'étant pas plus satisfaite que celle de mes compatriotes, elle m'avait instinctivement poussé en ces lieux.

Je continuai mon dessin m'approchant peu à peu de l'apparition soudaine.

Enfin je ne m'en trouvai séparé que par une dizaine de pas à faire.

J'hésitai à entamer la conversation.

Contre mon attente l'inconnu m'adressa le premier la parole, se levant en ma présence.

— Monsieur dessine, dit-il sur un ton grave.

— C'est vrai, monsieur, répondis-je. Ce site est tellement pittoresque.....

— Effectivement, ces rochers qui s'avancent dans la mer avec une forme presque animale sont bien faits pour exercer le crayon d'un artiste...

— Monsieur..... vous me confondez.....

— Oh!... non point... il me semble que tout le monde aime les arts...

— Un peu plus, un peu moins.

— Quant à moi je les aime beaucoup.

— Tant mieux.

— Mais ce que je mets bien au-dessus des arts, c'est la science de la nature.

— Vraiment?

— Comme j'ai l'honneur de vous le dire.

Je m'assis auprès de mon interlocuteur et je pus le contempler à mon aise. C'était un homme dont la physionomie était rude au premier abord, c'était un type plein de sévérité.

Ses yeux noirs brillaient avec une vivacité peu commune aux hommes de cet âge. Ce qui les faisait ressortir davantage n'était autre chose que l'épaisseur grisonnante des sourcils.

Le visage était ridé et exprimait la souffrance, de longs cheveux l'encadraient.

La mise du personnage répondait assez à sa mine souffreteuse.

Il était vêtu d'une longue redingote noire usée jusqu'à la corde et rapiécée en maints endroits d'une façon fort grossière.

De longues guêtres de cuir jaune, montant jusqu'aux cuisses, complétaient l'accoutrement.

— C'est beau, continuai-je, d'interroger les secrets de la nature.

— Mais c'est encore plus beau de les découvrir, répliqua l'inconnu.

— Vous vous livrez donc à cette douce occupation?

— Hélas oui, et je n'arrive pas au but que je me propose.

— Ah?...

— Voici quatre ans d'écoulés depuis que je suis ici, voici quatre ans que j'interroge et que je travaille, mais rien n'a abouti jusqu'alors.

— Quelle en est la cause?

— Elle est bien simple cependant.

— Il faut espérer que vos recherches aboutiront.

— Mes recherches ont toutes abouti ; mais...

— Mais ?...

— Mais pour étudier la science et pour la pratiquer, il faut être plus riche que je ne le suis.

— La richesse ne nuit jamais dans ces circonstances...

— Et puis, si seulement on me venait en aide...

— C'est un espoir que vous devez garder en vous-même.

— Je n'ose point compter sur la subvention populaire.

— Il faut essayer.

— C'est chose fort inutile. Je suis envoyé ici par l'Université d'Oxford ayant mission de faire des recherches scientifiques. Pensez-vous qu'avec la modique pension qui m'est allouée je puisse faire quelque chose ?

On me donne six cents schillings par an...

— Vous avez raison. C'est bien peu payer les champions de la science.

— Non-seulement les champions de la science, mais la science elle-même.

— Ah ! si on ne pensait pas le mal à Copenhague... bien sûr.....

— Eh ! quoi ?...

— Je veux dire si on savait qui vous êtes, assurément vous ne seriez pas dans la peine.

— On ignore qui je suis ?

— C'est vrai. On vous prend pour un espion...

Cet aveu fit bondir l'inconnu de son siége rocailleux. L'indignation était peinte sur son visage.

— Un espion, moi, s'écria-t-il, un espion?...

— On s'abuse sur votre existence.

— Certes on s'abuse. N'ai-je pas vécu de votre vie au milieu de vous pendant quatre années consécutives?...

— C'est vrai.

— Un jour viendra cependant où le peuple danois regrettera l'injustice qu'il me fait.

Ayant prononcé ces paroles, l'Anglais se leva de nouveau.

— Je me nomme Boscow, ajouta-t-il solennellement. Autrefois j'étais capitaine au long cours; aujourd'hui simple particulier ne demandant pas à vivre pour le monde, mais pour l'intérêt de la science.....

Mon humble demeure n'est fermée à personne, quoique mes besoins soient grands, je ne sais pas tendre la main...

Infamie!... Infamie des infamies, on m'a pris pour un espion.....

Sir Boscow, tu es considéré comme un être vil, abject; mais il n'en sera pas longtemps ainsi!.....

L'inconnu saisit alors une lourde canne qui reposait à ses côtés, puis gesticulant avec elle, d'une façon significative, il se dirigea vers sa demeure.

Je restai stupéfait d'un pareil dénouement. Il m'était impossible de bouger de l'endroit où je me trouvai actuellement. Mes regards suivirent longtemps l'homme de la science, et ce ne fut qu'après l'avoir perdu de vue que je songeai à retourner au logis.

CHAPITRE II.

—

LES CRISTAUX DE SEL MARIN.

Ma mère habitait un faubourg de la ville. Mainte et mainte fois je m'étais plaint de la longueur du chemin lorsque on allait se promener par delà la grève. Mais mes plaintes n'étaient point écoutées. On se contentait de reconnaître la vérité de ce que j'avançais pour me contenter, puis on n'y pensait plus.

Lorsque j'arrivai, on allait se mettre à table, j'avais chaud. Outre cela, je me sentais le visage décomposé.

Ma petite sœur Irma, heureuse de me revoir, vint à moi pour m'embrasser.

— Eh! dit-elle, Francis, d'où viens-tu?... Comme tu es pâle!...

Ces paroles attirèrent l'attention de notre mère, fort occupée à sa cuisine en ce moment.

— Ce que dit Irma est vrai, ajouta-t-elle. Qu'est-ce donc?

— Rien, si ce n'est la longueur de ma promenade.

— Il y a autre chose, mon ami.

— Oui, il y a autre chose; mais.....

— Mais, il faut changer de logement.

— Nous verrons à cela.

On prit place à la table commune. Tous se hâtèrent de prendre leur repas afin de m'interroger plus librement sur la cause de mon malaise momentané.

Je racontai mon aventure de la grève Nordland en peu de mots et elle intéressa mes auditeurs au plus haut point.

— C'est une énigme que l'existence de ce solitaire, observa mon frère Luiz. Je ne serais point fâché de le voir. Un seul coup d'œil me suffirait pour me mettre au fait de ses occupations.

Puisqu'il ne refuse point d'ouvrir sa porte au visiteur bienveillant, nous irons le voir si vous le voulez bien.

La proposition de mon frère fut acceptée; mais on décida que les dames resteraient sur la grève pendant que Luiz et moi nous pénétrerions dans la cabane du faux espion.

La partie de promenade fut remise au lendemain.

Nous partîmes tous ensemble, et en chemin chacun faisait des hypothèses plus absurdes les unes que les autres.

— Ce capitaine Boscow veut aller au fond de la mer, disait l'un.

— Bah! répliquait l'autre, ce n'est point cela, il fait des études sur le sel de la marée montante pour fabriquer des pierres précieuses.

C'était on ne peut plus parler en enfants ; mais ça faisait rire et on trouvait les réflexions bonnes.

Enfin le rocher pittoresque apparut. C'était le but de la promenade. Nos compagnes ravies du spectacle charmant qui se déroulait devant leurs regards se hâtèrent d'en jouir plus commodément.

Elles prirent place dans la caverne du rocher afin de se dérober aux ardeurs du soleil.

Quant à Luiz et moi nous nous dirigeâmes vers la demeure de l'homme de la science.

Pour y arriver le chemin était on ne peut plus difficile, il était raboteux, presque impraticable. On ne pouvait guère avancer qu'avec l'aide d'une canne.

Il est vrai que le marcheur n'était pas à l'aise ; mais nous arrivâmes tout de même au sommet du monticule couronné par la demeure du champion de la science.

C'était une maison rustique dans l'acception du mot. L'architecture ne brillait point dans ce monument dû à la main du plus inexpérimenté des maçons.

Le côté qui regardait la mer offrait une façade sinon ornementée du moins régulière. La maçonnerie sans être parfaite au point de vue de l'art avait une solidité relative.

On voyait apparemment la main de l'ouvrier qui n'avait point fait d'apprentissage.

Une porte bâtarde et une fenêtre munie de contrevents étaient les seules ouvertures qui regardassent l'horizon maritime.

Une particularité presque excentrique nous frappa.

Le rebord de la fenêtre était couvert de cristaux de sel;
mais ces cristaux avaient une singulière apparence.

— Quand je disais qu'il étudiait le sel, murmura Luiz,
vous vous moquiez de ma supposition. Mais vois donc,
Francis.

Je n'eus pas le temps de répondre; car la porte s'ouvrit.

Le solitaire de la pointe Nordland apparut. Un sourire
effleura ses lèvres lorsqu'il nous aperçut.

— Salut, dit-il, aux visiteurs de mon humble habitation.

Nous nous inclinâmes.

— Me sera-t-il permis, messieurs, poursuivit-il, de vous
offrir un abri; car le temps est mauvais.

Luiz me regarda.

— Le temps est mauvais? s'écria-t-il, ah!...

— Non, reprit le solitaire, le temps n'est point mauvais;
mais il peut être malsain. Ce soleil.....

— Le soleil est toujours bon à sentir dans nos climats.

— C'est vrai, balbutia notre interlocuteur; excusez-moi
si je cherche un prétexte dans la température, je serai si
honoré de vous recevoir!...

— Nous venions vous visiter.

Pour toute réponse le vieux savant nous tendit les mains.
De grosses larmes roulaient de ses yeux.

— Dieu vous bénisse, dit-il en sanglotant; voici quatre
ans qui se sont écoulés depuis mon établissement dans ces
contrées, et pas un seul homme n'a daigné m'adresser la
parole. On m'a mis à l'index. Pour demander mon pain,

on ne veut pas me comprendre, il faut que j'indique du
doigt ce que je veux.

— Les habitants se méfient de vous; mais il en est autrement de nous, répondîmes-nous.

— Pourquoi, s'il vous plaît?

— Nous sommes vos amis.

Sir Boscow poussa un soupir de satisfaction.

— Entrez, mes amis, poursuivit-il, prenez place dans mon
logis, et amitié pour amitié vous sera rendue.

— La mienne vous est acquise depuis hier. Cette réponse
étonna le vieillard.

— Cependant vous ne me connaissez point, murmura-t-il.

— Je vous connais d'hier seulement, et mon amitié pour
vous est assez ancienne pour ne pas douter de moi.

Le vieillard approcha deux escabeaux auprès de l'unique
fenêtre que nous avions remarquée lors de notre arrivée.

— Le soleil est radieux encore aujourd'hui, dit-il, il
faut le laisser pénétrer.

En prononçant ces paroles sir Boscow ouvrit la fenêtre
dont il a été question plus haut, et une douce chaleur nous
inonda aussitôt.

— Le Danemark n'est point situé dans une contrée très
favorisée par la chaleur, poursuivit notre hôte; mais enfin,
il a un agrément que je ne lui connaissais pas.

— Lequel? répondîmes-nous simultanément.

— Lequel? eh! chers messieurs, vous vivez côte à côte de
cet agrément et vous ne le connaissez pas?...

— Non certes, nous ne connaissons pas ce que vous voulez dire.

— Le Danemark est un pays plein de richesse, plein de sites variés.

— C'est vrai ; mais enfin il y a quelque chose que nous ne savons définir dans ce mot : *agrément*.

Le vieux capitaine au long cours redressa la tête et il murmura sourdement :

— La science, et les moyens de la consulter. Cherchez une pierre, un caillou de la grève. Interrogez-le, il vous répondra. Regardez les flots du Belt, sondez leur profondeur ils vous répondront.

Luiz me regarda, il avait envie de rire ; mais quant à moi je pris l'entretien au sérieux. L'index sur la bouche j'imposai silence à mon frère.

Pendant quelques minutes la conversation fut presque insignifiante, et au moment où nous allions nous retirer l'Anglais me retint par le bras.

— Sir, me dit-il, je vous reconnais.

— Vous me reconnaissez ?

— Très bien. N'êtes-vous point le dessinateur qui prit hier le croquis du rocher ?

— C'est bien moi.

— Asseyez-vous donc, et causons un peu plus.

— On nous attend.

— On vous attendra ; répondez à une question :

Avez vous navigué quelquefois ?

— Oui.

— Fort bien. Et monsieur?

— Aussi , répondit mon frère.

— La réponse est parfaite , et puisqu'il en est ainsi je vais expliquer en peu de mots l'énigme que vous semblez chercher ou plutôt deviner.

Sir Boscow réfléchit un instant, puis. il reprit en ces termes :

— Il me semble vous l'avoir déjà dit hier , cher monsieur, je suis envoyé par l'Université d'Oxford afin de faire des recherches scientifiques dans les régions maritimes du Danemark. On me qualifie d'espion et cependant je n'en suis point un.

— Nous aimons à le reconnaître , répondis-je.

— Je suis heureux de cet aveu franc et loyal, poursuivit notre hôte , aussi à mon tour vais-je user du même procédé. J'aime la science et ses découvertes.

Nous nous inclinâmes.

— Le sel que vous voyez répandu sur le bord de ma fenêtre a peut-être attiré votre attention. Considérez-le d'une façon toute minutieuse et vous me saurez dire vos remarques.

Luiz se leva le premier et fit rouler dans sa main quelques cristaux.

— Je ne vois aucune différence entre ces divers menus grains, observa-t-il.

— Vraiment? répliqua le vieillard , vraiment?

— Je ne fais aucune différence.

— Très bien, je connaissais votre réponse à l'avance.

Un peu plus de paroles de ce genre et Luiz se serait choqué.

L'ancien capitaine au long cours s'aperçut assez tôt de la portée de ses paroles aussi s'empressa-t-il de tendre la main à mon frère.

— Ne soyez point formalisé, cher monsieur, dit-il en souriant. Moi-même au premier aspect je ne ferais aucune différence entre ces cristaux.

Veuillez les présenter à la lumière du soleil et vous saurez vous rendre compte sinon de leur origine du moins de leur teinte.

Je pris quelques cristaux à mon tour entre le pouce et l'index, puis je les présentai au soleil.

Chose étonnante, tous n'avaient pas le même reflet.

— C'est curieux, murmurai-je.

— C'est drôle, ajouta Luiz.

Il y en avait qui reflétaient un ton bleuâtre très pâle, d'autres qui étaient gris, et enfin les derniers se teintaient en rose.

Je remis les sels en place.

— Il y a une préparation quelconque, dis-je timidement.

— Une préparation! s'exclama le solitaire, une préparation! vous n'y êtes pas!

— Comment donc ces cristaux ont ils une teinte différente? Je ne sache pas encore que le sel marin ait une autre couleur que celle connue généralement.

— C'est possible, répliqua sentencieusement sir Boscow ; mais les sels, que je vous ai présentés, sont purs de tout mélange ou manipulation. Je me bornerai à vous dire qu'ils ont une provenance que vous ne connaissez pas et que vous ne connaîtrez peut-être jamais.

— C'est possible, aussi, répliquai-je ; mais je suis un peu incrédule.....

— Ah? si vous le désirez je vous ferai toucher la chose du doigt. Etes-vous véritablement amateur des recherches scientifiques?

— Certainement.

— Revenez me voir, et vous serez satisfait.

Nous primes congé de cet homme bizarre et peu de temps après notre visite nous rejoignîmes nos compagnes.

— C'est curieux, ne cessait de murmurer Luiz en descendant le monticule, ce n'est pas un homme ordinaire que celui-là. Il me tarde d'arriver à la semaine prochaine pour connaître le fin mot de l'histoire des cristaux de sel marin.

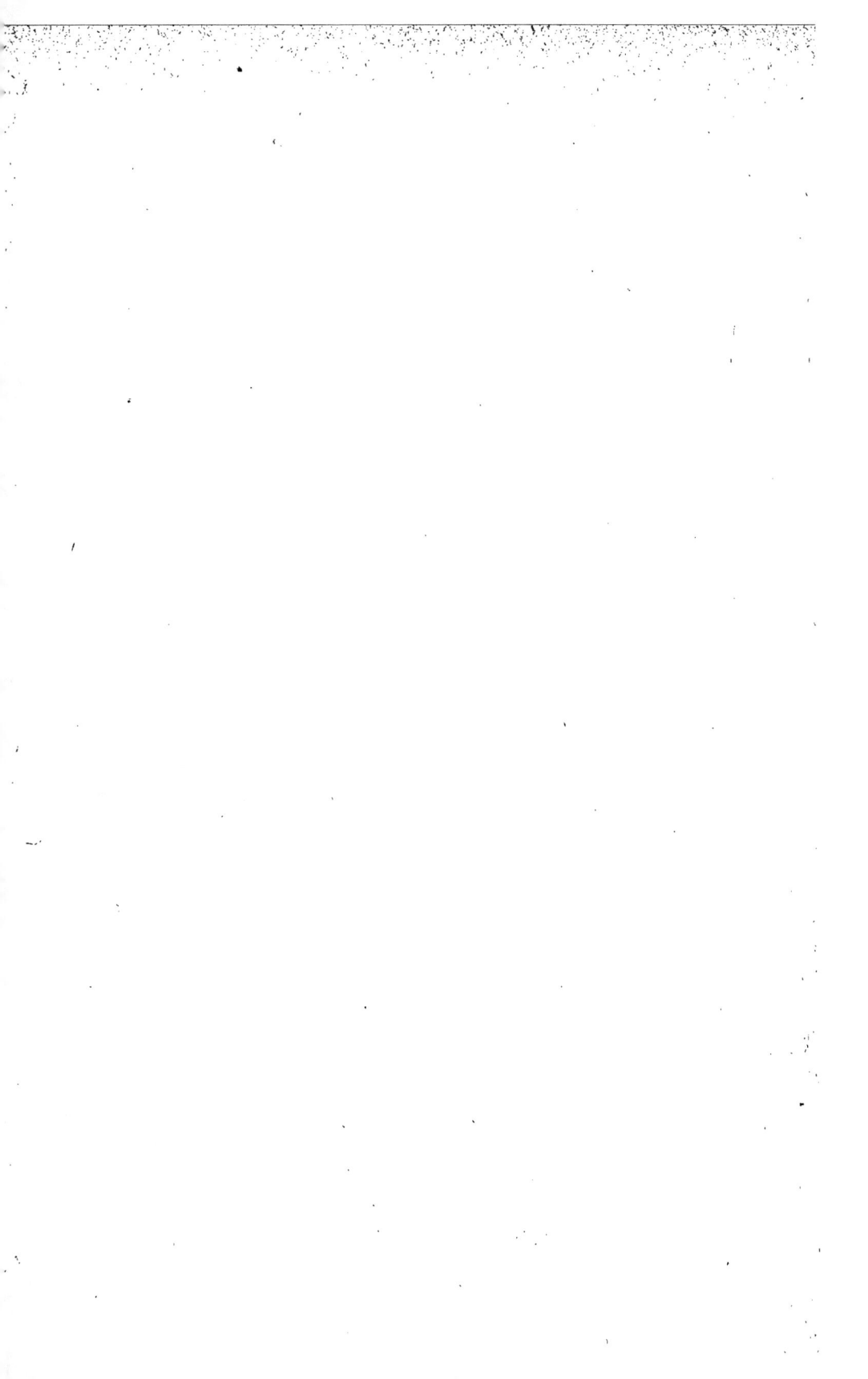

CHAPITRE III.

—

SURPRISE!...

·

Notre bonheur fut grand le jour où nous pûmes disposer d'un moment de loisir pour retourner à la pointe de Nordland. Il nous tardait de faire plus amplement connaissance avec le singulier personnage qui s'était trouvé sur notre chemin.

Mon frère d'un caractère plus pétulant n'aurait pas voulu laisser écouler huit jours d'intervalle.

Selon lui il fallait entrer en connaissance d'une manière plus ample et mieux définie.

— Au demeurant, disait-il, je tiens essentiellement à savoir au plus tôt l'effet produit par les quelques pièces d'or que j'ai laissées sur le coin d'un vieux bahut que tu as dû remarquer dans ce taudis.

— Ah! eh bien, mon ami, en route! m'écriai-je; plus

riche que moi tu as su faire l'aumône. Qu'il me soit au moins permis de te féliciter.

— Non point, répliqua Luiz, cette œuvre charitable est aussi la tienne. Ne m'as-tu point conduit vers ce misérable champion de la science? Donc, tu as le droit, toi aussi de partager ma joie d'avoir fait le bien.

Après avoir prononcé ces paroles d'un ton ferme et résolu mon frère revint auprès de moi muni d'une petite boîte de palissandre.

— En route! dit-il joyeusement, en route!

— Qu'est-ce ceci, observai-je indiquant l'objet dont Luiz était porteur?

— Un microscope, me fut-il répondu brièvement.

— Quelle est sa destination?

— Ah! voici, monsieur, devinez.....

— C'est pour examiner de plus près les cristaux de sel.

— C'est possible et même probable.

— J'ai deviné juste, ami, pas de détours.

— Francis, c'est cela même je veux examiner de plus près la forme de ce sel marin. Je veux en avoir le cœur net.

— Tu as raison.

Chemin faisant la conversation était fort animée. On discutait avec tant de chaleur que nous ne nous aperçûmes point de la longueur du chemin.

Le rocher de Nordland apparut bientôt et ce fut avec plaisir que nous gravîmes ses flancs raboteux.

Luiz frappa à la porte de la cabane. Elle resta close.

— Notre connaissance n'y est pas, murmura-t-il. Serait-il parti le vieux ?

Je frappai aux contrevents de la fenêtre. On ne répondit pas davantage.

— Le capitaine n'y est point, observai-je, il erre probablement sur la grève cherchant encore quelque trouvaille.....

— Je le crois moi aussi, ajouta Luiz.

Descendons sur la plage.

Nous arrivâmes bientôt à l'endroit où j'avais aperçu le vieillard pour la première fois ; mais hélas, la place était vide.

Les échos d'alentour répétèrent à l'envi nos appels réitérés qui restèrent sans réponse aucune.

Nos recherches furent longues et vaines car nous ne trouvâmes point notre hôte de la veille.

— Remontons à son logis, nous écriâmes-nous simultanément ; nous saurons bien la cause de cette absence si subite.

Nos pieds se meurtrirent encore aux aspérités du monticule et pour la troisième fois nous nous trouvions en face de la cabane du solitaire.

Cette fois nous enfreignîmes les lois du respect dû aux habitations.

D'un seul coup la porte céda à nos efforts et nous pénétrâmes dans l'intérieur de cette habitation rustique.

Un spectacle navrant se présenta à nos regards ébahis.

Le solitaire de la pointe de Nordland gisait sur un mauvais grabat retiré dans un coin de la chambre.

Ce n'était plus qu'un cadavre.

— Il est mort, murmura Luiz, il est mort de faim.....

Je ne pus m'empêcher de pleurer à cette vue. Mon cœur était ému au plus haut point.

Le vieillard sur sa couche funèbre semblait sourire. Son visage loin d'être décomposé avait revêtu un caractère que je ne saurais définir.

Une simple couverture grise, tombant en lambeaux se trouvait jetée sur les pieds, seules les mains apparaissaient au-dessus. L'une d'elles semblait serrer quelque objet que l'obscurité de la pièce ne nous permit pas de distinguer.

J'ouvris la fenêtre.

Quel ne fut pas notre étonnement d'apercevoir les pièces d'or laissées par mon frère sur le vieux bahut. Elles étaient intactes, elles n'avaient point changé de place.

Luiz me regarda.

— Eh bien? fit-il tout bas.

— Je ne comprends rien à cet évènement..... Le solitaire a-t-il été assassiné ou bien est il mort de sa bonne mort?

— C'est ce que je ne saurais dire, répliqua doucement mon compagnon. Sans plus tarder je vais prévenir les autorités compétentes pendant que tu resteras ici.

Ayant parlé Luiz s'élança dans la direction de la ville.

Jamais je n'avais vu la mort de si près. Une espèce de frisson parcourut mes membres lorsque je me vis seul face à face avec le cadavre.

Malgré moi mes yeux se reportaient toujours sur ce visage sans vie et sans expression. Cependant je parvins à distraire

ma vue de ce tableau funèbre en inspectant d'une façon minutieuse les détails de cette habitation solitaire.

Je remarquai sans peine aucune que l'abondance n'avait
jamais pénétré dans ce lieu ; car la huche était vide.

Par exemple les papiers de toutes sortes ne manquaient
pas, ils gisaient au fond d'une vieille armoire en bois de
camphre qui semblait renfermer plutôt un trésor que des
paperasses insignifiantes pour ceux qui ne voulaient point y
prendre garde.

Un objet attira surtout mon attention.

C'était un petit coffret de bois blanc d'une forme oblongue.
Il était fermé parfaitement à clef.

La curiosité me poussa à porter la main dessus. Je le
trouvai lourd.

— Tiens, pensai-je, le pauvre capitaine se plaignait de
la cherté des vivres à Copenhague ; mais il paraît qu'il faisait des économies. Ce petit coffret me semble renfermer
quelque métal précieux.

Au moment où je faisais cette singulière réflexion mon
frère arriva suivi des autorités compétentes en pareille
occasion.

Je me hâtai de remettre l'objet en place. On fit la levée
du corps.

Chose digne de remarque le vieillard tenait dans la main
droite un papier soigneusement enveloppé.

Les hommes chargés de transporter le corps du défunt
voulurent s'en emparer ; mais l'homme de la police s'y

opposa formellement disant qu'il ne leur appartenait pas de se l'approprier.

La justice de Copenhague , seule avait le droit de le prendre et de l'ouvrir.

En conséquence il fut soigneusement recueilli. Puis le cadavre mis dans un fourgon mortuaire prit la route du champ de repos.

La porte de la cabane se ferma pour une dernière fois et nous ne pensâmes plus y revenir.

C'était notre adieu au solitaire de la pointe du Nordland.

CHAPITRE IV.

—

UN TESTAMENT.

Quelques mois s'étaient écoulés depuis les évènements que je viens de rapporter, lorsqu'un jour un homme se présenta à la maison, nous priant, mon frère et moi de nous présenter devant M⁰ Orryaz notaire. Ce dernier avait une communication importante à nous faire. Assurément nous étions loin de penser à ce qui survint.

Intrigués au plus haut point nous nous rendîmes en toute hâte à la demeure de l'officier ministériel.

— C'est un héritage, disait Luiz, c'est un héritage, j'en réponds.....

— Quelle est la cause de ce pressentiment, répliquai-je : aurions nous par hasard quelque oncle d'Amérique ?...

— Les oncles d'Amérique sont vieux, me fut-il répondu. C'est du vieux temps, on n'en voit plus.

— Alors, qu'est-ce donc.

— Je le répète, c'est un héritage.

— Riche?

— Je ne saurais le dire; mais c'est un héritage.

— Nous allons voir si ta prévision est juste.

Le notaire nous attendait avec la plus grande impatience; car il avait hâte d'en finir avec cette affaire.

— Messieurs, dit-il en nous abordant, je vous annonce un héritage.

— Qu'avais-je dit, s'écria Luiz en bondissant de joie.

L'officier ministériel ne put s'empêcher de sourire en voyant la franche gaîté qui animait mon frère.

D'un signe il nous invita à prendre place sur un siége.

— Je vais vous donner lecture du-dit testament, poursuivit-il. Vous connaissiez donc l'espion de la pointe Nordland?

— On le nommait vulgairement comme ceci; mais ce n'en était point un.

Oui, nous le connaissions, depuis peu de jours il est vrai...

— Depuis peu ou depuis longtemps, ceci importe peu à la chose. L'essentiel est que vous êtes ses héritiers.

Je m'inclinai en guise d'assentiment. Luiz m'imita.

Le notaire reprit alors :

« Lecture du testament olographe de Pierre-Henry Boscow, en son vivant ancien capitaine au long cours. »

« Aujourd'hui sept avril mil huit cent soixante et un, je, Pierre-Henry Boscow, ancien capitaine au long cours, envoyé en mission scientifique sur les côtes de Norwége, de Suède et de Danemark, sain de corps et d'esprit, fais mon testament, sentant que mes jours sont près de finir.

» Considérant que depuis mon arrivée en Danemark je n'ai eu aucune relation avec les hommes et qu'on m'a délaissé,

» Considérant que deux personnes seules ont eu quelques relations avec moi, savoir : les sieurs Luiz et Francis Texeff,

» Je lègue aux dits sieurs Luiz et Francis Texeff tout mon avoir qu'ils partageront en bons frères.

» Fait et signé par moi, Pierre-Henry Boscow, le septième jour d'avril mil huit cent soixante et un.

» Signé : P.-H. Boscow. »

— Messieurs, continua le notaire, l'inventaire est préparé depuis quelques jours. Comme il serait assez difficile de partager cette succession qui est sans valeur aucune, les objets seront tirés au sort si vous le voulez bien.

Nous acquiesçâmes à la demande formée par l'homme de loi.

Quoiqu'il y eût peu de choses à partager, l'opération du tirage au sort fut assez longue. Je n'obtins que deux lots.

La maisonnette et le petit coffret de bois blanc m'échurent en partage.

Luiz eut le reste.

Nous partîmes enfin pour prendre possession de notre nouvelle propriété. Il fallut se diriger vers la pointe de Nordland.

Le vent soufflait avec violence et ses rafales étaient tellement fortes que nous avions peine à nous tenir sur le sable
de la grève.

Nous arrivâmes cependant après une marche laborieuse.

Maîtres désormais de l'habitation solitaire , nous l'ouvrî-
mes. C'était un abri construit avec solidité quoiqu'il n'eût
pas d'élégance extérieurement. Le vent n'y avait pas de prise.

Mon premier soin fut de m'emparer du petit coffret de bois
blanc pendant que Luiz inspectait les autres objets à lui re-
venant. La clef était absente. Ce qui me contraria beaucoup ;
car j'aurais voulu connaître immédiatement son contenu

N'ayant point les outils nécessaires pour l'ouvrir de force ,
je me contentai de le remettre sous mon bras et de proposer
à mon frère de retourner à la maison.

Ma proposition ne fut point rejetée ; car l'heure s'avançait
en même temps que l'orage grondait.

L'impatiente curiosité nous donna des ailes aux pieds : en
moins d'une heure nous étions de retour à la maison.

CHAPITRE V.

—

LE MANUSCRIT.

La famille assemblée voulut assister à l'ouverture du fameux coffret. On croyait assurément qu'il renfermait une fortune.

— Je gage que le père Boscow mettait ses schillings là-dedans, disait l'un.

— Non point, répondait un autre, il était trop pauvre pour amasser.

— Ce sont peut-être des cristaux de sel! s'écria ma petite sœur Irma.

— Ce serait possible, murmura mon oncle; je n'en serais point étonné.

Le trousseau de clefs de la famille fut complétement visité; mais pas une de celles qu'il renfermait ne put remplir le but proposé.

— Il faut avoir recours au serrurier, objecta ma mère, il
n'y a pas d'autre moyen d'ouvrir cette boîte.

Le serrurier fut appelé; mais, comme moi, l'homme d
l'art ne sut faire lever le couvercle du coffret.

— Il faut le briser, dit-il.

— Le briser!... Y pensez-vous, m'écriai-je.

— Alors il ne faut pas espérer l'ouvrir, c'est une ferme-
ture secrète.

— Possible; mais je veux l'ouvrir sans le détériorer.

— Comme il vous plaira.

L'ouvrier ayant reçu son salaire s'éloigna en maugréant.

— Il faut que le contenu de ce coffret soit connu, murmurai-je, et cela sans effraction.

J'examinai la boîte dans tous les sens. Mais rien ne m'in-
diquait l'endroit sensible au toucher.

Ma patience faisait le sujet d'une hilarité bien partagée.

— C'est la boîte à Pandore, disait l'un.

— Vraiment, répliquait l'autre.

— Pourvu que tous les maux ne nous envahissent point
aussitôt son ouverture.

Les quolibets pleuvaient autour de moi pendant que je
m'escrimais de mon mieux à faire jouer le ressort inconnu
de tous.

Lasse d'attendre, Irma se précipita sur la cassette. Dans
le mouvement que je fis pour retenir ma boîte, elle tomba
lourdement à terre et à notre grand ébahissement elle s'ouvrit laissant échapper un rouleau soigneusement fait.

Un cri de satisfaction s'échappa de tous les cœurs.

— Enfin !... Enfin !...

Je me hâtai de saisir le rouleau, m'inquiétant fort peu pour le moment de connaître le secret de la cassette de bois blanc.

Le contenu du rouleau était enveloppé d'une épaisse feuille de parchemin sur laquelle de nombreux cachets de cire rouge étaient apposés.

Briser ces cachets ne fut que l'affaire d'un instant. Puis je développai la feuille de parchemin.

Notre impatience augmenta à la vue d'une autre enveloppe de papier autour de laquelle une ficelle de soie rouge s'enroulait fort régulièrement.

— Voilà qui est ficelé, observa mon oncle.

— Oui, c'est soigneusement enveloppé.

— On dirait que c'est du papier. Touchez, mon oncle.

L'interpellé pressa le rouleau entre ses doigts.

— Je crois moi aussi que c'est du papier. Une belle trouvaille, ma foi..... du papier.....

— Eh ! qui sait ? ce papier vaut peut-être une fortune.

— Un manuscrit, sans doute.

— Je l'espère.

Ma prévision ne fut point trompée. J'arrivai enfin au but. Je découvris un magnifique manuscrit, peint avec une élégance sans pareille.

Comme titre, il y avait les mots suivants écrits en gros caractères :

Cinq mille lieues sous mer, par Pierre-Henry Boscow, ancien capitaine au long cours de la marine marchande

*anglaise. Voyage sous-marin exécuté sous le patronage
de l'Université d'Oxford.*

— Voici quelque chose... Voici un titre intéressant, murmura imperceptiblement mon oncle.

— Je lirai ceci attentivement moi-même, répliquai-je. Puis, si on veut bien me le permettre, je ferai part de ma lecture à ceux qui voudront m'entendre.

— Accepté, accepté!... s'écria-t-on. A ce soir la lecture du manuscrit.

— A ce soir, répondis-je.

DEUXIÈME PARTIE.

CHAPITRE VI.

LA MISSION DE PIERRE BOSCOW.

Huit heures sonnaient à la pendule de la salle à manger lorsque on termina le repas du soir.

A la demande générale, je dus prendre mon manuscrit et commencer la lecture de ce document.

On toussa, on cracha, puis enfin un religieux silence s'établit.

Je commençai en ces termes :

« Le vingt-un du mois d'octobre dernier, je reçus mon diplôme d'agrégé à l'Université d'Oxford. Ce fut une grande joie pour moi que de pouvoir enfin porter ce titre. Je commandais à cette époque le caboteur l'*Invariable*.

» Heureux de faire partie d'une société savante, je résolus de me livrer tout entier aux études scientifiques.

» Afin d'être plus libre, je résolus de donner ma démission. La navigation commençait à devenir monotone pour moi. Il me fallait des découvertes, et comme il n'y en avait plus à faire sur la sphère terrestre, j'imaginai de vouloir sonder les profondeurs de la mer.

» C'était un but grandiose; mais impraticable pour ainsi dire à ce moment. Car on n'avait pas de moyens assez sûrs pour scruter l'élément liquide.

» Je ruminai longtemps cette idée dans mon esprit; mais sans espérer d'y donner suite.

» Un jour étant assis sur un banc du square Desvaux, dessinant machinalement sur le sable à l'aide de ma canne, un individu fort proprement vêtu vint prendre place à mes côtés.

» Le silence ne fut pas interrompu. Je vis qu'on m'examinait avec la plus grande attention.

» L'inconnu prit la parole au bout de quelques instants.

» — Monsieur dessine? fit-il en jetant un coup d'œil sur les lignes tracées sur le sable.

» — Assurément non, répondis-je; mais ce sable est si fin que le bout de ma canne n'a pu résister au plaisir de s'y promener un peu.

» La réponse fit sourire mon interlocuteur.

» — C'est fort bien trouvé, murmura-t-il; mais il y a des endroits où votre canne pourrait s'en donner plus à son aise. Ainsi par exemple sur les bords de la mer.....

» — C'est vrai, répliquai-je, mais trop serait nuisible.

» Le rire s'empara de nous.

» — C'est curieux, poursuivit le promeneur, j'ai toujours aimé la mer et ses profondeurs. Toujours j'ai désiré vivre sur l'élément liquide et jamais je n'ai eu occasion d'obtenir cette satisfaction.

» — Cependant c'est chose très facile.

» — Facile, dites-vous. Non point comme je l'entends. Evidemment si on s'embarque à bord d'un bâtiment qui a un itinéraire tracé, on peut naviguer. Mais moi je voudrais être à bord d'un navire que je dirigerais où bon me semblerait.

» — Vous voudriez être capitaine au long cours?

» — Non point, encore.

» — Simple passager commandant le bord sans le commander.

» — C'est un peu difficile.....

» — C'est même presque impossible. Je n'ai pas rencontré une personne qui voulût se charger d'une mission semblable.

» — Mais pour obtenir une satisfaction personnelle, telle que vous la demandez, il faut avoir les épaules solides.

» — Comment? les épaules solides..... que voulez-vous dire?...

» — Je veux dire à cela qu'il faut offrir un bon prix à l'armateur qui voudra bien mettre un steamer à votre disposition.

» — Je n'agite pas la question du prix. C'est un petit détail qui m'importe peu. L'essentiel pour moi serait de naviguer où bon me semblerait, sans itinéraire fixé à l'avance.

» — Dans ce cas notre programme est facile à résoudre.

» — Serait-ce possible ! monsieur !...

» — Très possible.

» — Enfin je verrais mon vœu réalisé !...

» — Parfaitement.

» — S'il vous plaît, indiquez-moi le moyen de parvenir à ce but.

» — Je suis capitaine au long cours commandant le steamer *Virginia* qui doit quitter Liverpool à la fin de ce mois, faisant route pour les Indes.

» Il m'est bien facile de faire savoir à l'armateur que vous désirez prendre à votre charge la responsabilité du navire, vous réservant toutefois le droit de le faire naviguer où bon vous semblera.

» — Mais c'est parfait, s'écria l'inconnu en me serrant la main.

» Mais c'est parfait !... poursuivit-il. Je me nomme Harryson....

» — C'est tout dire, murmurai-je. Sir Harryson est fort connu dans le monde commercial et financier.....

» — Et vous ?

» — Je suis le capitaine Boscow.

» — Tout dernièrement agrégé à l'Université d'Oxford ?

» — Précisément.

» — Recevez mes sincères félicitations...

» Je m'inclinai.

» Sir Harryson se leva.

» — Ainsi c'est chose convenue, entendue, réglée, je m'embarque en votre compagnie à la fin du mois.

» — Quand il vous plaira.

» — C'est cela même.

» Le riche commerçant s'éloigna, mais non sans m'avoir serré affectueusement la main.

» — Que vous me faites de plaisir, dit-il. »

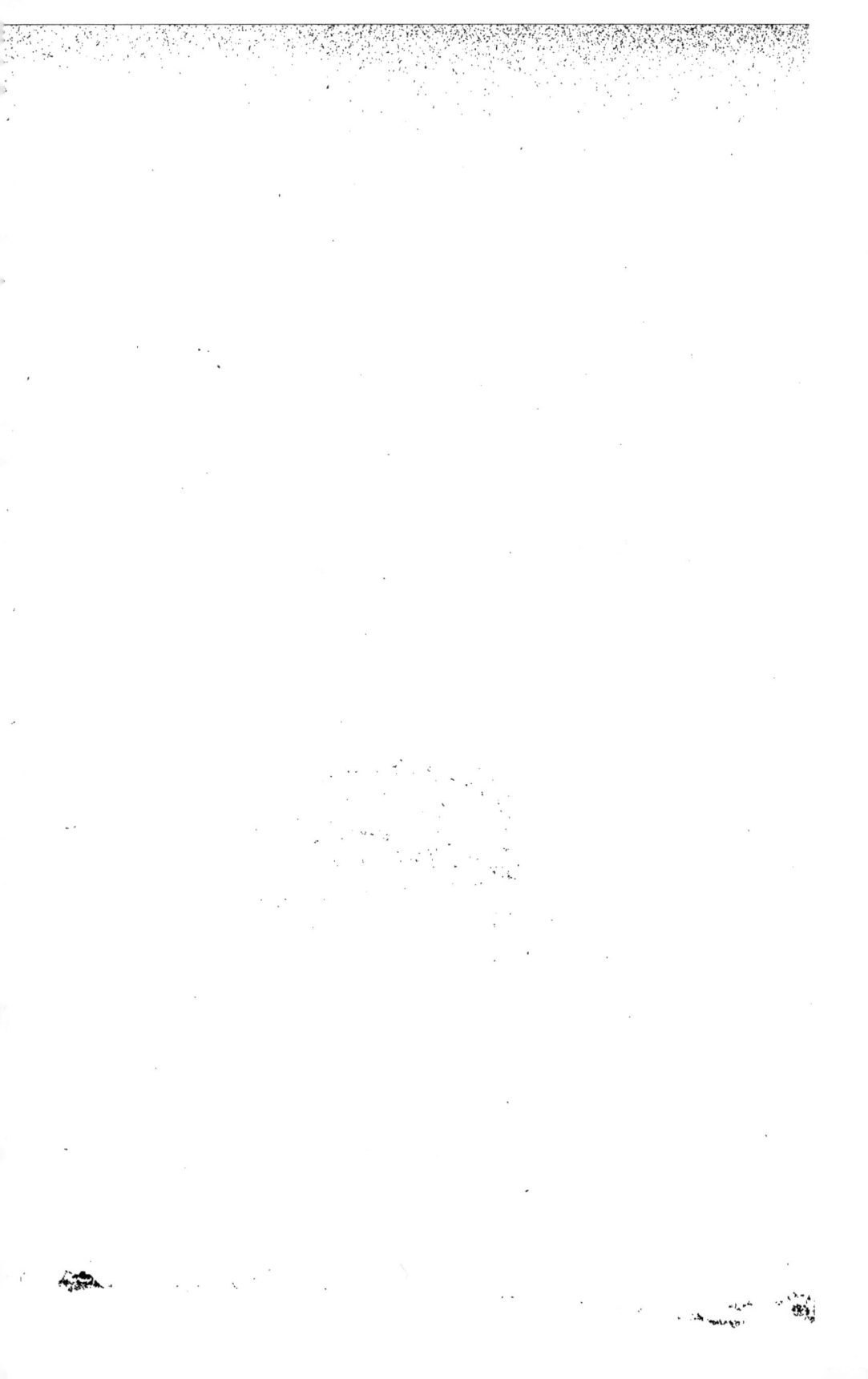

CHAPITRE VII.

—

OU LE CAPITAINE BOSCOW FAIT PLUS AMPLE CONNAISSANCE AVEC LORD HARRYSON. — CE QU'IL EN ADVINT.

« J'écrivis immédiatement à l'armateur de Liverpool qu'il n'eût pas à se préoccuper du chargement de son navire, et que tout était prêt pour le départ, un riche personnage s'offrant à payer le fret entier du navire à ses risques et périls. Je nommai lord Harryson.

» Il me fut répondu d'une manière affirmative. On consentait à l'abandon du steamer en partance sous la condition expresse que je partagerais la responsabilité du navire en cas de perte.

» J'acceptai, et un mois après sir Harryson et moi nous arrivions à Liverpool.

» Ce dernier visita le bâtiment avec un intérêt tout particulier : « Hé bien ! dit-il, quand partons-nous?... »

» — Je suis à votre disposition, répondis-je ; j'attends vos ordres.

» — Très bien parlé, capitaine, grasseya mon passager
(l'unique que j'aie jamais vu dans son genre).

» Nous partirons demain, ajouta-t-il après un moment
de réflexion, si toutefois vous le voulez bien.

» — C'est un singulier personnage, pensai-je en moi-
même.

» Sir Harryson n'entendit point ma réflexion, il se cares-
sait d'épais favoris blonds peignés avec soin.

» — C'est convenu, sir, ajoutai-je en lui frappant sur
l'épaule, c'est convenu, à demain.

» — A demain.

» Et lord Harryson s'éloigna rapidement.

» Quant à moi je me hâtai de regagner le bord afin d'or-
donner l'appareillage.

» Les préparatifs de départ étaient faits depuis longtemps
lorsque je vis apparaître mon homme. Il avait à la main une
énorme valise, et sous le bras un volume gigantesque.

» — Ça, me dit-il en me serrant la main, le square Desvaux nous a valu notre connaissance mutuelle. J'espère
qu'elle ne cessera point de sitôt.

» — Je l'espère, répliquai-je.

» — Tant mieux; sauriez-vous me dire, capitaine, si
l'heure est favorable pour notre départ?

» Mon équipage considérait le passager avec une curiosité
peu ordinaire. Bien mieux, on riait de sa tournure.

» — Nous pourrons partir dans une heure, si vous le
voulez bien. Il faut attendre cet espace de temps pour mettre
la machine sous pression.

» — Ah ! très bien , j'attendrai une heure , juste le temps de humer la fumée d'un *habana*. Me sera-t-il permis de vous en offrir un , capitaine?

» — Je ne fume jamais.

» — C'est singulier.

» — C'est la vérité , je ne puis concevoir que l'homme éprouve du plaisir à avaler une dose de fumée pour la renvoyer ensuite.

» — Vous n'êtes point du siècle , capitaine. Vous n'êtes point du siècle.....

» — Pourquoi donc? parce que je ne fume pas?

» — Précisément, parce que vous ne fumez pas.

» — J'étais loin de m'en douter.

» — Ceci ne vous empêche pas moins d'être agrégé à l'Université d'Oxford.

» — Sans doute. On peut aimer la science et ne pas suivre le *modus vivendi* du jour.

» — Je suis d'accord avec vous à ce sujet.

» Puis détournant la conversation , sir Harryson me demanda sur quel point j'allais mettre le cap.

» — Nous nous dirigerons où bon vous semblera , répondis-je ; car ce n'est point moi qui commande, mais bien vous.

» Ces mots flattèrent l'orgueil de cet homme ; d'un seul coup je devins son ami, son confident; j'avais gagné son cœur.

» — Naviguons sur la mer du Nord, s'écria-t-il d'une manière emphatique.

» — Soit, milord, répondis-je, nous mettrons le cap sur la mer du Nord.

» Sur ce, je m'éloignai prétextant quelques ordres à donner à l'équipage.

» Une heure après nous étions en mer, et dix jours plus tard nous étions en vue des côtes de la Norwége.

» C'était on ne peut mieux marché pour un steamer comme le nôtre.

» Nous approchions du gouffre perpétuel qui existe oans ces parages.

» On prenait les plus grandes précautions afin d'éviter ce courant où aucun navire ne peut échapper s'il ne passe au large.

» Mon passager se portait comme un pont de pierre, il buvait, il mangeait tout comme s'il eût été à table d'hôte. Cependant un jour il devint rêveur.

» — Qu'est-ce tourbillon d'écume que j'aperçois à l'horizon, dit-il en m'abordant.

» — C'est le gouffre de Sunderland, murmurai-je de façon à ne pas l'effrayer.

» — Ah? ne pourrions-nous pas nous en approcher.

» — Si vous voulez périr, il n'y a qu'à agir aussi témérairement.

— Ah! bah!

— C'est la vérité, aucun navire ne peut en approcher sans être perdu corps et biens.

» — S'il en est ainsi, je n'insisterai point, ajouta sir Harryson.

» Maintenant que je connais la navigation superficielle, je

serais on ne peut plus curieux de connaître le monde marin.

» — Cet homme est fou , m'écriai-je.

» — Je ne suis point fou , répliqua sèchement sir Harryson qui avait entendu ma réflexion. Je sais parfaitement ce que je dis.

» N'y aurait-il pas moyen de naviguer entre deux eaux ? C'est-à-dire moyen de rendre le steamer insubmersible ?

» — Ce que vous demandez est impossible.

» — Impossible ? dites-vous ? rien n'est impossible à l'homme sur la terre. Il lui suffit de vouloir pour pouvoir.

» — Je vous le répète, sir Harryson , il n'est pas possible de rendre le steamer insubmersible. On a des bateaux plongeurs ; mais c'est tout.....

» — Et c'est tout ce que je demandais; ajouta le commerçant excentrique en ricanant.

» Chez nous , Anglais , on aime beaucoup les choses peu communes , aussi ne m'étonnai-je point de l'idée émise par mon passager.

» Me conformant à son ordre, je dus virer de bord et regagner Liverpool.

» Ce n'était plus une navigation ordinaire qu'il fallait à mon homme. C'était un véritable voyage sous-marin qu'il demandait à cors et à cris.

» Il voulait connaître les profondeurs de la mer, ses habitants et sa végétation.

» Peu de jours après le colloque que je viens de rapporter, nous entrions en rade de Liverpool, suffisamment édifiés sur le caractère de notre aimable passager. »

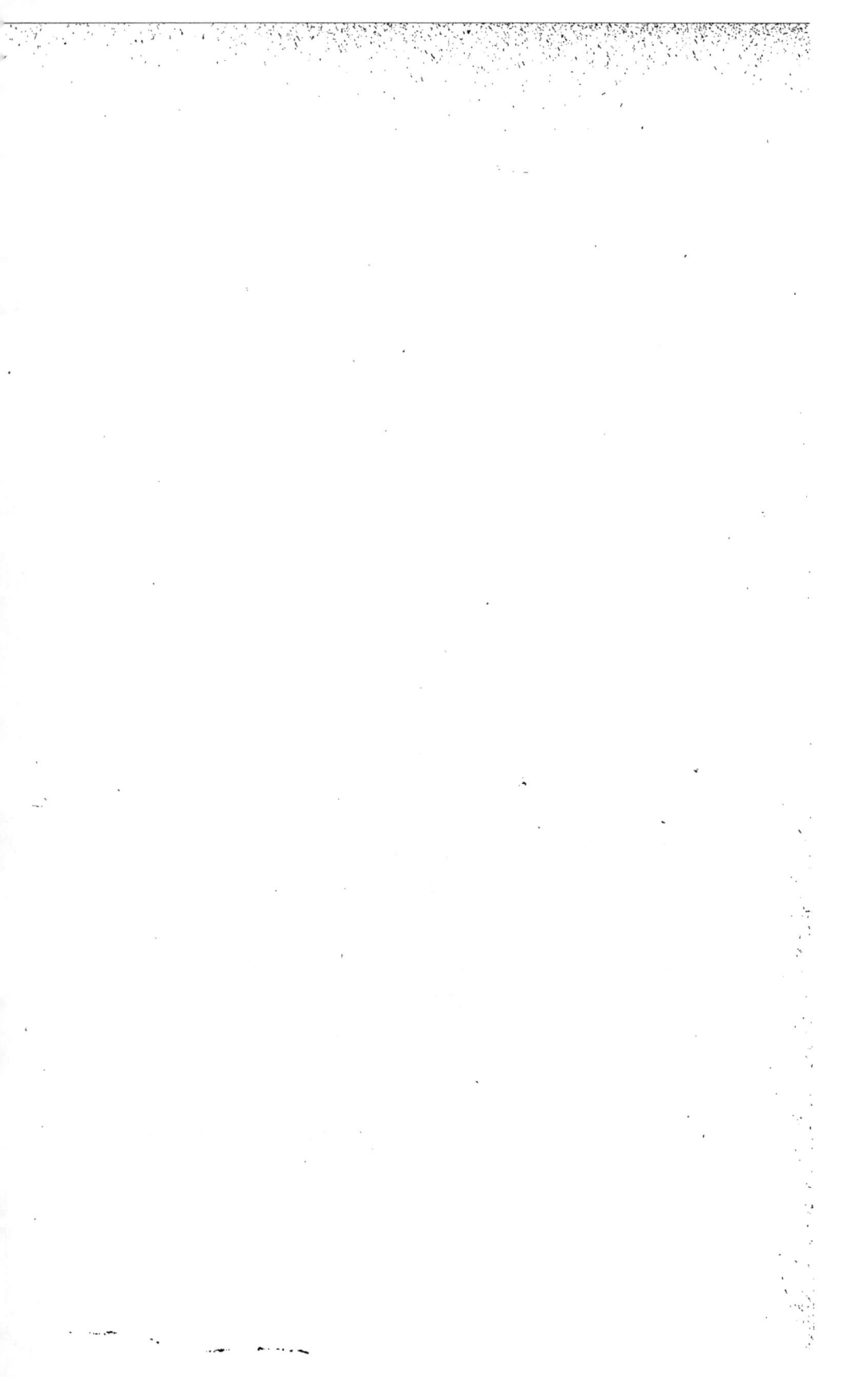

CHAPITRE VIII.

—

UN SAUVETAGE SCIENTIFIQUE. — L'ÉLINGUAGE.

« Je rentrai donc à Liverpool obéissant aux ordres de sir Harryson.

» — Je veux me reposer quelque temps, me dit-il, en attendant de meilleurs jours pour mettre à exécution mon projet; c'est-à-dire celui de visiter les profondeurs de l'Océan.

» Lorsque vous serez capable, ou pour mieux dire lorsque vous aurez des moyens de locomotion sous-marine, assez bien établis, assez sûrs pour ne courir aucun danger, je suis à vous. Ce ne sera plus moi qui conduirai la marche, qui la réglerai, ce sera vous, capitaine.

» Surtout ne négligez rien pour le confortable. Ma bourse est la vôtre.

» Enchanté d'un pareil langage je quittai lord Harryson promettant de m'occuper activement du projet en vue.

» On parlait à cette époque d'un incendie qui avait consumé le *Britannia*, et par suite duquel les débris de ce magnifique vaisseau cuirassé avaient coulé bas dans la rade de Southampton.

» Je veux entretenir mes lecteurs du sauvetage de ces épaves.

» Je partis aussitôt pour cette ville, espérant faire une étude approfondie sur ce genre d'opérations. Elle me profita. Sans elle je n'aurais point encore vu, ni même songé à voir les merveilles qui se sont développées devant mes yeux.

Je rendrai compte de ce sauvetage, non point précisément pour les avantages matériels, mais surtout au point de vue de la science appliquée, et des instruments précieux qui donnent à ces opérations, autrefois si périlleuses et si dubitatives, une organisation pratique et en quelque sorte mathématique.

» Le sauvetage s'effectuait à l'aide de plongeurs, qui, revêtus de l'appareil Denayrouse, travaillaient au fond de la mer (à 15 mètres de profondeur), à isoler, puis à amarrer les épaves qui sont hissées, au moyen de bouées d'élinguage à bord de chalands, dont la présence en grand nombre avec les pontons des plongeurs, donne à cet endroit de la rade un aspect aussi pittoresque qu'animé.

» Chacun connaît plus ou moins, sous le nom de scaphandre, ne fut-ce que pour en avoir vu à l'Exposition maritime, cet appareil à plongeur, indispensable pour les travaux sous-marins. Il se compose d'un vêtement de caoutchouc, hermétiquement clos, se terminant à la base par des semelles de plomb, pesant vingt kilogrammes, et surmonté d'un casque en cuivre, muni de glaces de deux centimètres d'épaisseur, permettant de distinguer les objets dans toutes les directions, reposant sur les épaules de façon à laisser à la tête une entière liberté d'action.

» Une fois que le plongeur a revêtu cet appareil, il ne communique plus avec l'extérieur que par deux tuyaux en caoutchouc partant du casque, dont l'un est destiné à entretenir dans l'appareil une provision d'air envoyée par une pompe manœuvrée sur le ponton, et que le plongeur règle au moyen d'une soupape très ingénieuse qu'il peut ouvrir d'un mouvement de tête. L'autre est un conduit acoustique qui le met en communication constante avec le ponton.

» Je fis la connaissance d'un ingénieur de la marine qui conduisait cette opération délicate avec une sagacité et un tact scientifique peu communs.

» Poussé par le désir de tout savoir, je lui manifestai le grand plaisir que j'éprouverais à voir moi-même le résultat de l'expérience au fond de l'eau.

» En homme obligeant pour les amateurs de la science, l'ingénieur me comprit.

» Quelques jours après, je revêtais le scaphandre.

» Mes jambes, chargées de plomb étaient déjà entièrement sous l'eau, sans que je perçusse le contact du liquide autrement que par un allègement considérable de la partie inférieure de mon corps.

» Cependant mon habit de caoutchouc, qui à l'instant même s'opposait un peu au mouvement de mes bras, se gonfla et prit un aspect de ballonnement, qui devint de plus en plus sensible dans le haut du vêtement à mesure que je descendis davantage.

» Cet effet de ballonnement persiste jusqu'au moment où le niveau de l'eau, arrivé à hauteur de la bouche, monte progressivement en face des yeux.

» A ce moment, les plombs qui me chargeaient s'allégèrent de plus en plus ; mes pieds, si lourds un instant auparavant, ne pesaient plus qu'un poids insignifiant sur le sixième barreau de l'échelle où ils reposaient. L'air, constamment envoyé par la pompe dont je percevais distinctement le bruit quand il faisait irruption dans mon casque, commença à siffler bruyamment à mon oreille droite.

» Je vois encore, par la moitié supérieure de ma glace de face, l'ingénieur qui m'encourageait du geste à continuer ma descente.

» Il me fit signe d'opérer la manœuvre qui consiste à ouvrir, par un léger coup de tête, la soupape, au moyen de laquelle je pouvais évacuer l'excédant d'air nécessaire à mon immersion complète.

» Puis je m'assurai avec la main que la corde de sauvetage attachée autour de mon corps était solidement tenue à l'extérieur de l'eau, et j'obéis au commandement.

» Aussitôt, un bruit intense, que je ne saurais mieux comparer qu'à celui d'un roulement de tambour, fit irruption dans la chambre étroite qui m'enfermait de toutes parts.

» Ce bruit était celui de l'air s'échappant violemment du sein de l'eau. Tout d'abord, il me fit croire à l'irruption du liquide amer dans l'appareil lui même. Je pensai en frissonnant que quelque trou accidentel venait de s'y produire. J'attendais l'impression de l'eau froide dans le scaphandre, et je dois confesser que, malgré l'ardent désir que j'avais de juger *de visu* ce qu'est le fond de la mer, j'eus pendant quelques secondes des velléités de me déclarer satisfait et de remonter sur le ponton. Fis-je involontairement quelque mouvement dans ce sens? Je ne sais. Toujours est-il que dans ce moment là une voix, qui semblait intérieure, prononça distinctement ces paroles :

» — Eh bien, qu'attendez-vous? vous pouvez continuer à descendre. Mes compliments pour le début.

» J'avais entendu cette voix quelque autre part, et bientôt, plus acclimaté à cette vie nouvelle, je reconnus que c'était mon instructeur qui, du ponton, venait de me parler. Je descendis hardiment plusieurs degrés de la longue échelle qui me donnait accès sur le fond, puis pour m'assurer que l'illusion n'était pour rien dans la perception des paroles que je viens de citer, je proférai à haute voix la phrase suivante :

» — M'entendez-vous parler?

» Sur le ton du dialogue ordinaire, la voix intérieure me répondit :

» — Parfaitement, descendez toujours.

» Ce que je fis sur le champ et avec une assurance qui ne me quitta plus.

» Vous jugeriez mal, ami lecteur, si vous croyiez qu'au sein d'une eau même limpide les conditions d'optique sont les mêmes qu'à la surface. On distingue nettement tous les objets environnants, mais l'horizon se borne à une distance relativement restreinte.

» Ainsi l'échelle sur laquelle j'étais placé se dessinait en lignes correctes sur une hauteur de sept ou huit échelons au-dessus et au-dessous de moi; mais le fond, l'insondable fond, et la surface aérée me semblaient aussi loin l'un que l'autre, et je me trouvais suspendu comme dans un espace sans bornes, comme entre ciel et terre.

» Qu'importe, je descendais toujours. L'échange de phrases que nous faisions de temps en temps, l'ingénieur et moi, en m'apprenant la profondeur que j'atteignais, secondait mon énergie et rassurait ma démarche hésitante.

» Tout à coup il me dit :

» — A présent vous êtes près du fond.

» En effet, j'étais arrivé en bas de mon échelle, et le terrain légèrement vaseux, sur lequel je posai mon lourd soulier de plomb, céda d'un demi-pied sous le poids pourtant bien petit de mon scaphandre.

» En effet, je marchais comme à travers un nuage, dans

une position verticale, sans aucun effort et sans percevoir pour ainsi dire le contact du sol sous mes pas.

» Je flottais, je planais, j'étais impondérable. Phénomène qu'explique suffisamment cette loi physique en vertu de laquelle un corps immergé perd le poids d'un volume d'eau égal à celui qu'il déplace.

» On comprend, après cela, la facilité avec laquelle peuvent se mouvoir les travailleurs sous-marins familiarisés avec ce milieu, et comment ils peuvent amarrer les épaves à la bouée d'élinguage qui les monte à la surface de l'eau.

» Cette bouée se compose d'un cylindre de tôle galvanisée, cerclé de trois frettes de fer forgé, munies de crochet, et portant une tubulure à sa partie supérieure, l'autre à sa partie inférieure.

» Elle descend par son propre poids quand on laisse pénétrer l'eau dans l'intérieur du cylindre; une fois au fond, le plongeur fixe à la tubulure supérieure un tuyau communiquant avec une pompe pneumatique, il amarre aux crochets, au moyen de cordes ou de chaînes l'épave à élinguer, puis il donne l'ordre d'actionner la pompe pneumatique; au fur et à mesure que le vide se fait dans le cylindre la bouée remonte en remorquant sa charge qui dirigée et équilibrée par les plongeurs, arrive sans encombre et sans fatigue à la surface de l'eau où on la charge sur les chalands par les moyens ordinaires.

» Cet appareil appelé à rendre de très grands services est une invention de l'ingénieur qui a complété son système de sauvetage par une lanterne sous-marine dont la base aussi

simple qu'ingénieuse, est un régulateur automatique, espèce
de poumon artificiel en contact avec l'eau, qui joue vis à
vis de la lampe le rôle de la soupape du casque du plongeur, et au moyen duquel la colonne d'eau qui exerce une
pression variable sur les corps qu'on y plonge, détermine
elle même la pression de l'air nécessaire à la combustion,
selon que le foyer de lumière est à une profondeur plus ou
moins grande.

» Avec de pareilles inventions, les mystères de l'Océan
ne devaient pas tarder à se montrer à nos yeux d'une façon
toute palpable. »

CHAPITRE IX.

—

LE NAVIGATOR.

Cette lecture nous intéressa au plus haut point. J'aurais bien voulu la continuer ; car il me tardait de connaître la fin de ce récit scientifique et amusant à la fois ; mais l'heure était trop avancée pour y songer.

Je renfermai le précieux manuscrit dans sa boîte après m'être assuré du secret à connaître pour l'ouvrir. Il suffisait de presser sur le dos d'une fausse charnière pour obtenir le résultat désiré.

Le lendemain soir, huit heures sonnant mon petit auditoire était au complet.

J'ouvris le cahier à l'endroit où j'avais laissé une fiche la veille.

Je continuai donc la lecture en ces termes :

« Enchanté autant qu'émerveillé de mon excursion sous-

marine je remontai l'échelle qui devait me remettre en communication avec la terre.

» — Eh bien, me dit l'ingénieur lorsque j'eus ôté mon
scaphandre, êtes vous satisfait, capitaine?

» — Très satisfait, répond s-je.

» — Tant mieux.

» — Seulement.....

» — Seulement?

» — J'aurais une observation à vous faire.

» — Laquelle?

» — Pourrait-on entreprendre un voyage sous-marin,
revêtu du scaphandre?

» — Avec des modifications, oui; mais sans modifications non.

» J'expliquai à l'ingénieur le motif qui me poussait presque à l'indiscrétion à son égard. Il rit. Puis me prenant la
main il ajouta :

» — Retournez auprès de sir Harryson et dans quinze
jours au plus tard nous pourrons entreprendre le voyage
projeté.

» Cette réponse, m'intrigua au plus haut point et malgré
cette intrigue je dus retourner le plus tôt possible à Liverpool.

» Sir Harryson accueillit la nouvelle que je lui apportais
avec la joie la plus vive.

» — Ah ! s'écria-t-il, capitaine, vous vous riiez de moi, lorsque je témoignais le désir de voir le fond de la mer. Voyez
maintenant, mon vœu est sur le point de s'accomplir!...

» — Ce brave commerçant s'abuse un tant soit peu pensai-je en bouclant ma malle.

» En effet le voyage sous-marin était possible ; mais point de longue durée.

» — Je veux aller de Southampton, au cap Horn s'écriait sir Harryson dans son élan de joie intempestive.

» — Rien que cela !... plus de quinze mille lieues sous mer ; mais vous rêvez sir Harryson !

» — Je ne rêve point, assurément ; je ne fais que prévoir ce qui arrivera. L'ingénieur parle d'une façon trop assurée pour ne point partager mon désir.

» Nous partîmes enfin le jour convenu. Tous nos préparatifs avaient été faits en commun. Sir Harryson surtout les avait faits avec une précipitation fébrile, il lui tardait de connaître notre guide sous-marin et de voir les merveilles que l'onde amère dérobe aux yeux des hommes par sa profondeur.

» A peine arrivés nous nous fîmes conduire au domicile de sir Waterpoof, ingénieur de son auguste personne la reine d'Angleterre.

» Je demandai qu'on nous introduisît auprès de mon collègue en science et de mon maître en invention.

» On nous introduisit dans un salon richement meublé. L'ingénieur avait déployé devant lui une épure qui donnait les plans, coupe et élévation d'un navire sous-marin.

» En exergue était écrit ce mot :

» *Navigator sub marine.*

» Mon esprit fut subitement éclairé. Je conclus en voyant

que nous devions voyager dans l'intérieur d'un bateau sous-marin et non point à l'aide de scaphandres, comme je l'avais supposé primitivement.

» — Messieurs, dit-il en nous apercevant, soyez les bien-venus.

» Et il nous tendit les mains, nous invitant ensuite à nous asseoir sur un canapé moelleux.

» — Je suis prêt, poursuivit-il, à vous conduire où bon vous semblera.

» Sir Harryson s'inclina en souriant d'aise.

» — Voici le plan du navire sous-marin que j'ai fait cons-truire à l'effet d'exécuter un voyage tel que celui que nous voulons entreprendre.

» Nous nous approchâmes considérant avec curiosité les divers détails de ce dessin.

» Mon compagnon surtout écarquillait les yeux autant qu'il lui était possible ; mais il avait beau regarder, l'intel-ligence de l'épure ne le satisfaisait que très médiocrement.

» — Pour mieux se rendre compte de cela, murmura-t-il, il faudrait voir l'objet lui-même.

» — Votre désir sera satisfait, sir, fut-il répondu ; mais avant je serais bien aise de vous donner un aperçu de mon travail.

» Voici les diverses dimensions du bateau qui nous por-tera dans quelques heures. C'est un cylindre très allongé, ayant les extrémités coniques. Il affecte singulièrement la forme d'un cigare, forme déjà adoptée par plusieurs cons-tructeurs à Londres.

» La longueur de mon véhicule maritime, ou marin pour mieux dire, est exactement de cent dix mètres et sa largeur atteint douze mètres. C'est une dimension suffisante pour que l'eau déplacée s'échappe facilement et n'oppose aucun obstacle à sa marche.

» Ces deux dimensions permettent, par un simple calcul, de se rendre compte de la surface et du volume du *Navigator*.

» Faisant les plans et données de ce navire, j'ai voulu qu'il ne dépassât le niveau de la mer que d'un dixième, les neuf autres dixièmes devant rester complétement submergés.

» Mon navire se compose de deux coques : l'une intérieure et l'autre extérieure.

» La première est de bois, la deuxième est construite en tôle d'acier et d'une épaisseur de huit centimètres. Elle peut défier les mers les plus violentes et les chocs les plus rudes.

» Dans l'épaisseur de la première coque se trouvent ménagées certaines ouvertures destinées à livrer passage aux voyageurs. Ces ouvertures se trouvent à la partie supérieure du navire, c'est-à-dire sur la plate-forme auprès de laquelle est placée la cage lumineuse.

» Dans ces conditions le *Navigator* émerge d'un dixième ; c'est sa position normale lorsqu'il n'est pas besoin de voyager entre deux eaux. Mais afin de le faire plonger, j'ai disposé des réservoirs qui se remplissent d'eau à un moment donné au moyen de robinets, et le poids du navire augmentant, il disparaît complétement à la surface des eaux.

» — Très bien, monsieur l'ingénieur, observai-je ; mais

en plongeant plus bas votre appareil sous-marin, ne rencontrera-t-il point une pression? Subira-t-il une poussée de bas en haut?

» — Parfaitement, monsieur.

» — Comment obviez-vous à cet inconvénient, lorsque vous voulez descendre à mille mètres par exemple?

» — La réponse est facile à donner. Mon cher monsieur j'ai des réservoirs supplémentaires qui accroissent le poids de mon navire qui continue à descendre.

» — Très bien encore. Mais pour remonter à la surface? observa sir Harryson. Il est facile de se mettre à l'eau; mais.....

» — Ne soyez point inquiet à ce sujet, cher monsieur. Voici comment le vide se fait dans les réservoirs. Une pompe mue par un appareil électrique d'une grande puissance rejette l'eau au dehors à la façon des cétacés.

» — Je m'explique la chose maintenant.

» Quant au mouvement du navire, il est à peu près identique à celui d'un petit steamer. Seulement les pistons qui font mouvoir l'hélice sont mis en train au moyen d'un agent électrique.

» — Tout est donc électrique à bord du *Navigator*.

» — Vous l'avez dit. Une immense bobine de Rhumkorff fixée à un isolateur rivé à la partie supérieure du navire est le seul auteur du mouvement.

» Les fils de cette bobine dirigent tout l'ensemble de mon appareil sous-marin.

» Ils aimantent à volonté les diverses plaques de métal

qui font agir à leur tour un système de rouages et de pistons.

» Tout marche par l'électricité, même les appareils d'éclairage.

» Sir Harryson n'en pouvait croire ce qu'il entendait dire. Il se mettait les doigts sur les tempes, voulant bien s'assurer qu'il ne comprenait pas mal.

» — C'est incroyable, murmurait-il, c'est incroyable!...

» — Si vous le voulez bien, continua le narrateur, j'achèverai de vous donner de plus longues explications lorsque nous serons à bord de notre embarcation sous-marine. Vous pourrez juger la chose *de visu*.

» On leva la séance, et quelques heures après, nous pénétrions dans les flancs du *Navigator* qui se berçait doucement sur les flots de la Manche. »

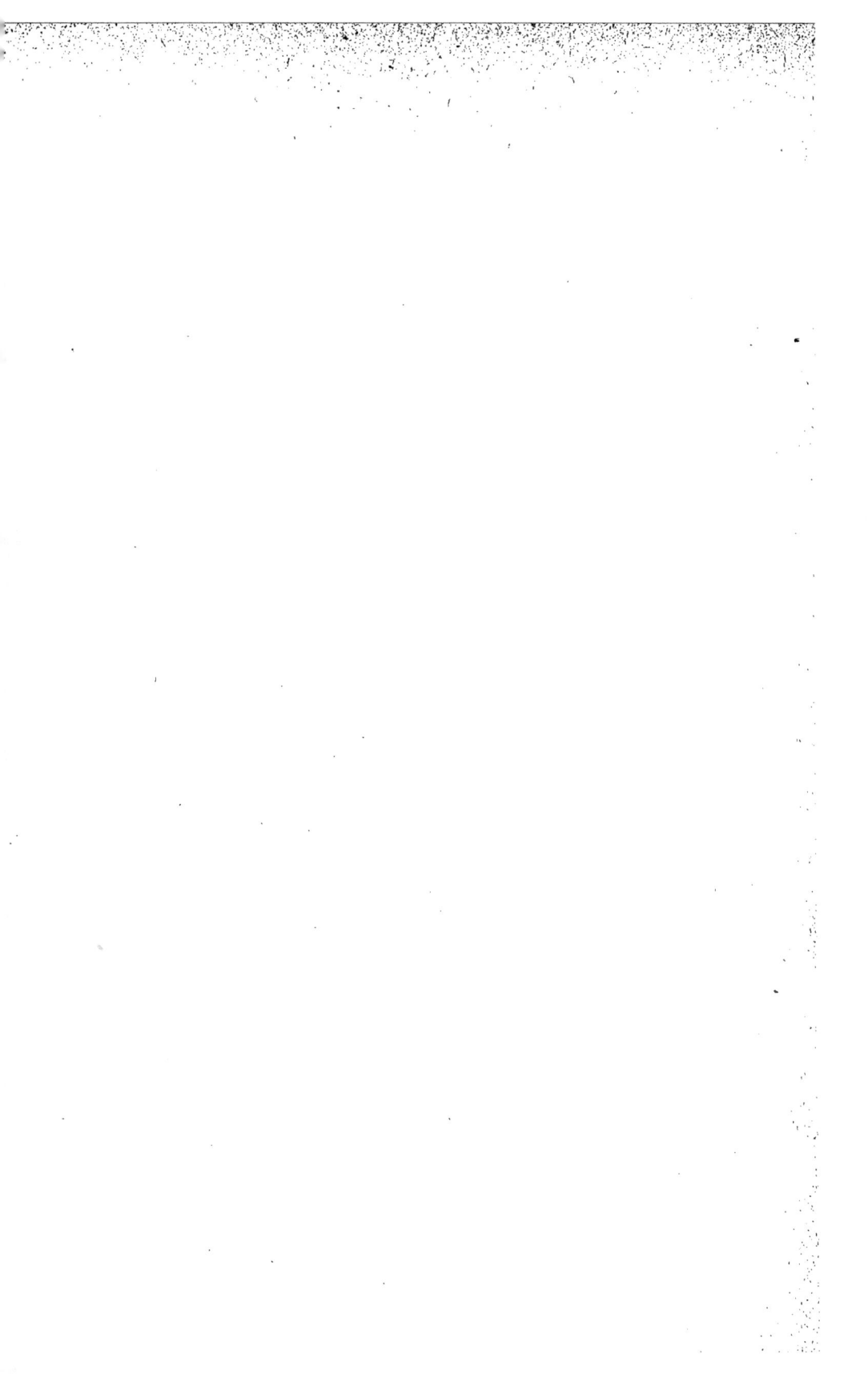

CHAPITRE X.

—

ENCORE LE NAVIGATOR.

« Chose étonnante, aussitôt après que nous eûmes descendu les escaliers qui conduisaient aux coursines du navire, l'obscurité la plus complète nous enveloppa.

» — Je croyais qu'on voyait aussi clair dans l'eau qu'au-dessus, s'écria sir Harryson. Si nous devons voyager dans ces conditions..... ce ne sera point gai.

» L'ingénieur se prit à rire.

» — Sir Harryson, répliqua-t-il, vous verrez la lumière; mieux encore, vous respirerez un air aussi sain et aussi pur que sur la terre.

» L'ingénieur Waterpoof avait disparu, nous ne l'entendîmes plus.

» Tout à coup la lumière se fit au-dessus de notre tête :

mais elle était diffuse. C'était plus qu'il n'en fallait pour
guider nos pas à travers ce dédale inconnu.

» Sir Harryson et moi nous nous engageâmes dans l'étroit
couloir qui nous conduisit à l'arrière du navire. Une porte
de tôle fort bien capitonnée nous barrait le passage.

» Je frappai. Elle s'ouvrit aussitôt. Notre stupéfaction fut
grande en apercevant l'ingénieur au milieu d'un mécanisme
aussi compliqué que brillant.

» C'était la salle des piles de la machine. Sir Waterpoof se
prit à rire.

» — Eh bien, dit-il, vous rendez-vous un compte exact
du moteur que j'emploie.

» J'avoue que pour ma part je comprenais parfaitement le
génie de cet appareil sans pouvoir donner une explication
très nette à ce sujet.

» Mon compagnon ne se contentait point de regarder, il
voulait qu'on lui expliquât d'une façon plus satisfaisante
comment l'hélice devait se mettre en mouvement.

» — Que diantre! disait-il, ce bateau est bien à moi!
C'est bien moi qui ai ordonné sa construction, par conséquent j'ai le droit de savoir comment ces manivelles fonc-
tionnent.

» Le brave homme appelait ceci des manivelles! Grand
Dieu!... appeler ceci des manivelles!... Tout un engrenage
de roues, de fils électriques, de piles et de bobines. Tout
ceci n'était que manivelles.

» — Sir Harryson va être satisfait à l'instant, répondit

l'ingénieur, car à l'instant même le navire sous-marin qu'il a acheté de ses propres deniers va se mettre en marche.

» Il est huit heures et demie du matin. Nous sommes à cinquante mètres au-dessous du niveau de la mer. La provision d'air est faite, nous pouvons marcher trente-six heures sans avoir besoin de remonter à la surface des flots.

» — Trente-six heures sous l'eau ! murmura lord Harryson ; mais nous étoufferons !...

» — Soyez sans inquiétude.

» Attention, nous quittons la rade de Southampton. »

» En prononçant ces paroles, l'ingénieur pressa un bouton d'ivoire qui établissait le courant électrique et aussitôt les pistons moteurs de l'hélice se mirent à fonctionner.

» — Voyez-vous, dit-il, ce fil qui part de la bobine Rhumkorff et qui aboutit à l'extrémité du cylindre renfermant le piston, s'y enroulant un millier de fois? Et cet autre disposé de la même façon ?

» Eh bien, tous les deux aimantent tour à tour les plaques de métal qui ferment le cylindre. Alors le piston est attiré tantôt en avant, tantôt en arrière. Ce mouvement peut se faire avec une rapidité vertigineuse

» Si nous le désirons, l'hélice fera cent vingt tours à la seconde.

» — Cent vingt tours à la seconde ! m'écriai-je stupéfait.

» — Vous doutez, capitaine? répliqua sir Waterpoof. Je vais prouver mon assertion à l'instant même.

» En prononçant ces paroles, l'ingénieur pressa un deuxième bouton. L'arbre de couche et les bielles tournèrent aussitôt avec une rapidité incroyable. On ne les voyait même pas fonctionner. Ce n'était plus qu'une masse confuse devant nos regards stupéfait.

» — Je me rends à l'évidence, murmura sir Harryson. Vraiment je ne croyais pas faire une si belle acquisition. Je ne regrette point mes cinq cent mille livres sterlings.

» L'archi-millionnaire se croisait les bras sur la poitrine, et se cambrait sur la plate-forme comme s'il eût été l'inventeur de l'appareil sous-marin.

» — Maintenant que vous connaissez le mécanisme de notre embarcation, poursuivit l'inventeur en s'adressant à moi, veuillez je vous prie prendre le commandement de ce bord. Votre qualité de capitaine au long cours vous y oblige.

» Je m'inclinai.

» Sir Waterpoof nous fit signe de le suivre. Nous quittâmes la salle électrique, et un instant après il nous introduisait dans une pièce de dimension beaucoup moindre que celle visitée un instant auparavant.

» C'était une bibliothèque. Des rayons de palissandre supportaient un grand nombre de livres reliés d'une façon uniforme. Ils suivaient le contour de la salle et se terminaient à leur partie inférieure par de vastes divans capitonnés en maroquin rouge.

» Au centre se dressait une table immense chargée de journaux et de brochures.

» La lumière électrique inondait cet ensemble et tombait de six globes dépolis à demi engagés dans les volutes du plafond.

» — Les amateurs de lecture pourront se satisfaire, observa notre guide; il y a là de quoi ne point s'ennuyer pendant six mois de traversée sous-marine.

» — Ce que vous dites est la vérité, sir, répondis-je. Aussi en profiterai-je largement.

» — Cette *Bibliothèque* est donc nécessaire à la navigation murmura sir Harryson.

» — Comme vous le dites.

» — Ah? Autrement on aurait pu se passer de livres.

» L'ingénieur sourit malicieusement.

» — Sir Harryson n'est pas *liseur* ?

» — Pas précisément.

» De la bibliothèque, nous passâmes dans une pièce qui se trouvait en face et qui se fermait exactement de la même manière que la première.

» C'était la chambre à coucher commune. Trois lits de fer, très bien étagés étaient accolés au panneau central.

» Ces couchettes invitaient au repos, tant elles avaient un aspect engageant.

» Cette salle n'était éclairée qu'à demi jour au moment où nous y pénétrâmes. Mais sir Waterpoof de son doigt magique illumina aussitôt l'appartement.

» Huit globes dépolis projetèrent une si belle lumière, qu'on distingua tous les objets d'une façon très nette.

» Sur le panneau en face des couchettes se voyaient appendus différents instruments de mathématiques tels que : montre marine, octants, baromètres, thermomètres, etc, etc.

» Ce qui me surprit davantage ce fut de voir une boussole, montée sur pivot immobile, à côté de la couchette qui se trouvait au fond de l'appartement. Tout auprès se dressait une petite roue d'ébène sculpté, et en tout semblable à celle d'un gouvernail.

L'ingénieur avait ménagé une surprise à son nouvel ami, le capitaine Boscow, commandant en chef du *Navigator*.

» — De surprise en surprise! m'écriai-je. Il n'est pas besoin de se lever du lit pour diriger la marche du navire.

» — Vous n'avez pas encore tout remarqué, sir Boscow, poursuivit notre guide prévenant. Auprès de ma couchette se trouvent deux poignées d'ivoire. Il me suffit d'appuyer sur l'une ou sur l'autre pour arrêter la marche du navire ou pour l'accélérer.

» — Parfait, mon ami, parfait, murmura sir Harryson dans l'extase.

» — Il nous reste encore deux pièces à voir, ensuite vous connaîtrez le *Navigator* tout aussi bien que moi.

» Nous suivîmes sir Waterpoof qui se dirigea vers l'avant du navire. Il ouvrit une porte capitonnée de cuir vert et nous pénétrâmes à sa suite dans la nouvelle pièce.

» — Elle est obscure, dit l'ingénieur en faisant un mouvement.

» Un jet de lumière s'échappa d'un vaste verre dépoli qui s'encastrait au milieu du plafond. Un cri de surprise, s'échappa de la poitrine du riche négociant, amateur des inventions modernes.

» Une salle à manger! s'écria-t-il. Eh! bien vrai, monsieur l'ingénieur je vous félicite..... Il est bien beau de naviguer; mais quelle douce satisfaction aussi de restaurer un estomac qui jeûne depuis tantôt douze heures !...

» — Milord, vous serez satisfait.

» Au centre de la salle à manger, immédiatement au dessous du verre dépoli se dressait une table ronde en chêne sculpté.

» En face s'étageait un buffet du même style et ouvragé dans la même essence. Six chaises cannées complétaient l'ameublement.

» Un deuxième appartement était contigu à la salle à manger. C'était la cuisine, nous la traversâmes sans y jeter un coup d'œil très attentif.

» Il nous tardait de visiter la dernière pièce afin de prendre ensuite un repas bien mérité.

» — C'est la salle de récréation, dit emphatiquement l'ingénieur en ouvrant la porte.

Sir Harryson qui n'aime pas la lecture pourra se distraire ici à peu de frais.

» Ce réduit se trouvait tout à fait à l'avant du navire. Il était situé en arrière de l'éperon.

» Nous ne remarquâmes rien de plus extraordinaire que dans les autres si ce n'est quelques scaphandres appendus aux murailles de tôle.

» Je connais cet habit, observai-je.

» C'est lui qui m'a conquis l'amitié de sir Waterpoof, et le plaisir de naviguer entre deux eaux.

» Une belle invention ma foi !

» Notre conducteur me serra la main.

» — Capitaine, dit-il, vous avez fait vos preuves.

» Ce sera bientôt le tour de notre maître.

» — Nous verrons cela, répliqua froidement lord Harryson, nous verrons cela!...

» — Maintenant à table, poursuivit l'ingénieur, à table et sans tarder. »

CHAPITRE XI.

—

SIMPLE CAUSERIE.

« La vue de l'Océan produit sur l'homme le plus insensible une impression profonde ; non pas seulement la première fois, mais toujours et plus sûrement dans sa majestueuse sérénité que dans tout le luxe de sa fureur la plus terrible, la plus implacable.

» La séduction qu'il exerce sur tous ceux qui s'abandonnent à la discrétion de ses flots azurés est incomparable. La nostalgie de la mer est un cas pathologique non classé, mais bien connu de ceux que leur situation ou les exigences de la vie active retiennent loin dans l'intérieur des terres, après qu'ils ont vécu, ne fut-ce que quelques semaines, de la grande vie du marin ; et celui-ci, dont l'Océan sera peut-être le tombeau, — et qui y compte bien — semble n'avoir jamais connu d'autre patrie.

» Nulle part, autant qu'en présence d'une mer sans autres limites que l'horizon, l'homme n'est mieux placé pour concevoir le sentiment de sa petitesse extrême devant cet infini qu'il sait bien reconnaître ; nulle part, aussi, il n'a plus exactement conscience de la force véritable que lui donnent son intelligente audace et le mépris des plus grands périls affrontés pour une fin glorieuse ou simplement utile à l'humanité.

» Mais l'Océan ne parle pas seulement à l'imagination ; il est indispensable à la vie dans son expression la plus large, et c'est par lui même un foyer de vie incommensurable. Il est le grand modérateur et le niveleur des climats terrestres, purifie l'air que nous respirons et, dégageant perpétuellement d'immenses quantités de vapeurs qui se condensent en nuages, entretient l'humidité nécessaire à la fertilité du sol.

» L'Océan couvre environ les trois quarts de la superficie totale de la terre ; si donc l'étendue actuelle de ses eaux était augmentée d'un quart, la terre entière serait submergée, à l'exception des cimes de quelques hautes montagnes ; et si cette augmentation était seulement du huitième, une immense étendue des continents actuels disparaîtrait. Les saisons seraient changées ; l'évaporation se produirait sur une telle étendue qu'il en résulterait des pluies continuelles, ravageant les moissons, forçant l'homme et les animaux à une existence toute différente boulversant en un mot toute l'économie de la nature

» Le contact avec l'Océan a certainement exercé une influence bienfaisante.

» Une des merveilles les plus étonnantes de la mer, que j'ai remarquée, durant mon voyage sous-marin, c'est la transparence de ses eaux, bien que ces eaux *vivantes*, suivant l'expression de l'ingénieur Waterpoof, tiennent en dissolution une quantité énorme de substances organiques et minérales.

» Dans certaines parties de l'Océan Arctique, parcourues bien longtemps après mon premier voyage sous-marin, j'aperçus distinctement des coquillages à la profondeur de cent quarante-cinq mètres.

» Diverses circonstances atténuent plus ou moins, ou font même disparaître complètement cette transparence, comme elles nuancent différemment la couleur primitive des eaux bleues de l'Océan.

» Un lit vaseux porte rarement des eaux limpides, parce que la moindre perturbation les trouble.

» Quant à la diversité de couleur, outre la nature du lit, beaucoup d'autres causes y peuvent concourir. D'abord, le degré de salure : ainsi les eaux d'une salure très concentrée comme celles du Gulf-Stream et du Kouro-Siwo, ou *fleuve noir*, sont d'un beau bleu indigo.

» La Méditerranée quoique mer intérieure, est dans le même cas ; les eaux de l'Océan Indien, dans l'Archipel des Maldives, son noires ; celles du golfe Persique sont d'un beau vert ; celles de la mer Rouge sont rouges, du moins à certaines époques, phénomène que je vais expliquer tout à l'heure; dans certaines parties de la mer Polaire la couleur des eaux varie du bleu saphir au vert olive.

» Dans la relation de son voyage au Spitzberg et au Groënland en 1671, Martyr explique ainsi ce phénomène de variation de couleur : « Si, dit-il le ciel est clair, la mer est bleue comme le saphir; s'il est légèrement couvert de nuages, la mer paraît d'un vert d'émeraudes; sous l'action des rayons de soleil tamisés par le brouillard, elle est jaune; par un ciel sombre elle est semblable à l'indigo; en temps orageux ou très couvert, elle est noire comme la mine de plomb. »

» Ces variations, dont le contraste a été évidemment exagéré par le voyageur, ne sont pas uniquement dues à l'état passager du ciel, bien qu'il n'y soit pas sans doute étranger, mais surtout à la présence d'animalcules innombrables, dont Scoresby, a évalué ce nombre 28,888,000,000,000,000 dans une étendue de deux milles carrés, ajoutant qu'il ne faudrait pas moins de 80,000 personnes, n'ayant fait autre chose depuis la création pour les compter.

» Les teintes rouges, brunes et blanches, remarquées dans l'Océan Pacifique et la mer des Indes, ont une origine identique; celles de la mer Rouge et de la mer Jaune sont dues à la présence de matières végétales ou d'animalcules de pareilles nuances.

» Des deux côtés de l'île de Ceylan, durant la mousson du Sud-Ouest, une grande étendue de la mer prend une teinte d'un rouge vif, considérablement plus rouge que la poussière de brique, et si nettement délimitée, qu'elle semble séparée par un trait d'eau verte qui coule de chaque côté. Examinée au microscope l'eau de cette mer rouge fut trouvée remplie d'animalcules, de nature semblable à ceux qui ont valu son nom à la mer Vermeille.

» Ces phénomènes passagers ne sont pas propres à certaines régions exclusivement.

» Vers la fin de l'année dernière dans le voisinage de Strœmstadt, petite ville suédoise de la Baltique, la mer, bleue en temps ordinaire, prit sur toute l'étendue visible de la côte, une belle teinte rouge vif, que le microscope découvrit être due à des infusoires. Le phénomène s'était déclaré pendant le jour; la nuit venue, il présenta un spectacle vraiment féérique, qui semble prouver que les infusoires en question possédaient, outre leur faculté colorante, une puissance lumineuse d'une certaine intensité : « la mer prit alors l'aspect d'un océan de feu, et la vague venant frapper la côte, semblait une gigantesque flamme semant dans l'ombre une pluie d'étincelles. »

» Le capitaine Kigman m'a raconté qu'il traversa une étendue d'eau de 25 mille de largeur et d'une longueur hors de portée, si remplie d'animalcules phosphorescents, qu'elle présentait, la nuit, l'aspect d'une plaine sans limite, entièrement couverte de neige, offrant avec le ciel sombre le contraste le plus curieux et le plus saisissant.

» Un plus magnifique spectacle que celui de la phosphorescence ne peut s'imaginer.

» Il semble que c'est aux infiniment petits, qu'ont été distribués les rôles infiniment grands du drame océanien.

» Je viens de jeter un coup d'œil rapide sur quelques-uns des étrangers et imposants phénomènes qui leur sont dus. Ces phénomènes ne sont rien ou presque rien : en fait, c'est insciemment qu'ils produisent ces illuminations variées et qu'ils changent la couleur des eaux où ils sont rassemblés, — dans un tout autre but sans doute, — en essaims innombrables. Ce n'est peut-être pas tout à fait sans savoir ce qu'ils font, qu'opèrent ces laborieux zoophytes constructeurs de récifs, auxquels on doit la création de terres fertiles et habitées, notamment, pour borner mes citations, les *douze mille* îles de l'archipel des Maldives dans l'Océan Indien !...

» Suivant l'ingénieur Waterpoof, il faudrait encore attribuer à ces zoophytes et à leurs constructions une influence considérable sur les courants des mers.

» On reconnaît en effet, à la circulation de l'Océan, plusieurs causes parmi lesquelles l'inégalité d'échauffement de la mer aux pôles et à l'équateur, par le rayonnement solaire, l'évaporation considérable que produit cet échauffement dans les mers équatoriales, l'augmentation de salure qui en est la conséquence naturelle ; enfin l'action des zoophytes madréporiques qui s'emparent d'une grande quantité des substances minérales que la mer tient en dissolution, se l'assimilent, ou, si l'on préfère, en bâtissent des récifs ou des forêts de corail. C'est donc dans ce sens qu'on a pu dire qu'ils sont des compensateurs et qu'ils modifient l'équilibre de l'Océan troublé par l'excès d'évaporation.

» Nous verrons plus loin l'étude curieuse que nous fîmes des polypes constructeurs de corail. Pour le moment, arrêtons-nous sur cette question si importante de la circulation de l'Océan, longtemps négligée et méconnue, et que nos explorations sous-marines ont éclairée d'une lumière nouvelle.

» La mer, je l'ai déjà dit, occupe à peu près les trois quarts de la superficie terrestre, dont les continents et les îles, très irrégulièrement tracés, partagent une partie aussi fort irrégulière.

» C'est d'abord l'Océan Atlantique, dont les eaux s'étendent d'un pôle à l'autre, baignent les côtes occidentales de l'Europe et de l'Afrique, et entrent dans l'Océan Glacial Arctique près du Spitzberg et du Groënland; puis le grand Océan Pacifique, s'étendant comme l'Atlantique de l'un à l'autre pôle, et pénétrant dans la mer Glaciale par le détroit de Behring; la mer des Indes, sans communication avec le Nord; ajoutons enfin l'Océan Glacial Arctique et l'Océan Glacial Antarctique, et nous aurons les grandes divisions de l'Océan Universel.

» Ces divers Océans sont régulièrement traversés par des courants d'eaux chaudes se rendant de l'équateur aux pôles, et des contre-courants d'eaux froides se rendant des pôles au cœur de l'Océan; de même que les artères portent le sang qui s'échappe du cœur aux extrémités et que les veines le ramènent appauvri à la source vivifiante. L'assimilation

est d'une exactitude frappante, et justifie bien l'expression
souvent employée en parlant de l'action des courants : la
circulation de l'Océan.

» J'ai indiqué d'une façon toute sommaire les causes
principales de cette circulation; nous insisterons sur celle
des causes qui, suivant mon appréciation, suffirait à l'expliquer. Il est hors de doute que l'échauffement de la mer
à l'équateur y produit une dilatation considérable comparativement à la mer polaire, et qu'en raison de cette dilatation
le niveau des eaux entre les tropiques est sensiblement plus
élevé qu'aux pôles.

» Une marmite qui reçoit la chaleur, non en dessous,
mais à la hauteur de son centre, donne une idée du phénomène accompli. L'eau chauffée le long de la paroi voisine du
feu s'élève et son niveau dépasse le niveau du reste du vase
culinaire; elle retombe vivement en arrière et elle est remplacée par un courant inférieur comparativement froid. Si
l'on dispose un petit moulinet dont le bout des ailes trempe
dans la partie supérieure de l'eau du vase, on le voit tourner
vivement, indiquant un transport de la partie voisine de
feu.

» On n'ignorait pas, on ne pouvait ignorer l'existence des
courants de la mer; le transport par les eaux d'une région à
l'autre, d'herbes, de graines, d'arbres déracinés, de débris
de toute sorte ne pouvait laisser subsister aucun doute à cet
égard. Aujourd'hui même les habitants des côtes du Spitzberg et du Groënland doivent aux bois que les flots leur
apportent en quantité, la possibilité de vivre dans ces ré-

gions désolées. On avait aussi remarqué que la traversée d'Amérique en France était d'une durée moindre que la tra· versée contraire, et la conviction, qu'un courant permanen porte les eaux américaines de l'Atlantique aux rives euro- péennes, en était résultée. Mais on n'avait, il y a moins d'un siècle, sur l'étendue réelle et la direction de ces courants' que des notions fort vagues.

» Franklin le premier s'avisa d'employer le thermomètre pour déterminer la situation du grand courant de l'Atlan- tique-Nord, le Gulf-Stream, ou du moins pour reconnaître sa présence. Cette tentative couronnée de succès fut le point de départ des explorations si intéressantes, si fécondes pour la science, des Davy, des Humboldt, des Rennel, etc., qui devaient préparer pour ainsi parler le lit du plus important de ces liens qui devraient unir la race humaine entière, sui- vant l'expression de Humboldt. Je veux parler du câble sous- marin !

» Cette découverte d'un moyen sûr de reconnaître la pré- sence d'un courant permit aux navigateurs d'éviter les cou- rants contraires qui retardaient leur marche, et dont jus- que-là ils s'étaient à peine occupés. Elle reçut donc une application immédiate très utile

» Le plus important des courants maritimes, celui sur lequel nous possédons les données les plus exactes, c'est le Gulf-Stream ou courant du Golfe, parce qu'il vient du golfe du Mexique par le canal de Bahama. C'est un fleuve dans l'Océan *(a river in the Ocean)*, dont la direction générale est un arc de grand cercle reliant Terre-Neuve aux Iles Britanniques. Ses eaux chaudes, plus riches en sel que celles de l'Océan, sont d'un bleu indigo foncé qui tranche nettement sur le fond vert de la mer qu'il traverse. Sa largeur atteint 75 milles au cap Hatteras. Sa vitesse moyenne est de 4 milles à l'heure. Nulle part au monde il n'existe un fleuve aussi majestueux. Il est plus rapide que l'Amazone, plus impétueux que le Mississipi; et la masse de ces deux fleuves ne représente pas la millième partie du volume d'eau qu'il déplace !

» A mesure qu'il avance dans l'Océan, il s'élargit et diminue de vitesse et de profondeur jusqu'à Terre-Neuve, où débordent ses rives liquides; il couvre sur une étendue de plusieurs milliers de lieues carrées les eaux froides qui l'environnent, revêtant l'Océan d'un véritable manteau de chaleur qui tempère les rigoureux hivers de l'Europe. Parvenu aux Açores, il se divise en deux branches, dont l'une longe le continent africain et va rejoindre le grand courant équatorial, et l'autre se dirige vers le Nord et vient heurter les côtes de l'Angleterre et de l'Irlande qui la divisent en deux branches nouvelles : l'une que les côtes de la Manche reçoivent vers la France, l'autre qui va adoucir les âpres climats de la Norwége, de l'Islande et du Spitzberg.

» Enfin les deux branches principales se rejoignent et rentrent dans le grand courant équatorial qui se dirige vers l'Amérique et revient à froid à son point de départ, au cœur de la mer! Il ne faut pas moins de trois années pour l'accomplissement de cette évolution.

» C'est, a dit l'illustre Johnson, l'influence du Gulf-

Stream sur le climat qui fait de l'Irlande l'émeraude de l'Océan et couvre de verdure les côtes d'Angleterre, tandis que sous la même latitude, de l'autre côté de l'Atlantique, les côtes du Labrador sont enfermées dans une ceinture de glaces. Au milieu de l'hiver, au large des côtes inclémentes de l'Amérique, entre le cap Hatteras et Terre-Neuve, les vaisseaux chassés des ports par les vents furieux et glacés du Nord-Ouest, en danger de sombrer, tournent leur proue vers l'Est et cherchent leur salut dans les eaux du Gulf-Stream.

» Naturellement le Gulf-Stream emporte sur son passage des débris arrachés aux contrées qu'il visite, laissant d'autres épaves en échange, et dotant finalement les côtes lointaines de la Norwége et du Spitzberg de bois flottants qui y sont d'un si grand secours.

» En terminant ce rapide exposé de notre conversation scientifique pendant notre premier repas pris à bord du *Navigator*, je rappellerai que c'est la présence d'épaves jetées par le Gulf-Stream sur les côtes des Açores, qui fit naître dans l'esprit de Christophe Colomb, ou du moins qui l'y affermit, l'idée de l'existence d'un continent situé à l'Ouest, de l'autre côté de l'Atlantique, et contribua ainsi à la découverte de l'Amérique.

» Certes, les Açores sont loin du Spitzberg et de l'Islande. Mais on sait que, dans un voyage qu'il fit en Islande, Colomb recueillit certaines traditions des habitants des îles de la mer du Nord, d'après lesquelles, longtemps avant la découverte de l'Amérique, longtemps avant que Colomb eu

eût conçu l'idée, des Américains avaient été jetés par les
courants et les tempêtes jusque sur leurs côtes. Ces traditions ont, jusqu'à présent, été acceptées non-seulement
comme vraisemblables, mais comme absolument vraies. Et
il n'est pas admissible qu'elles soient de l'invention de Colomb qui avait le plus grand intérêt à se convaincre. »

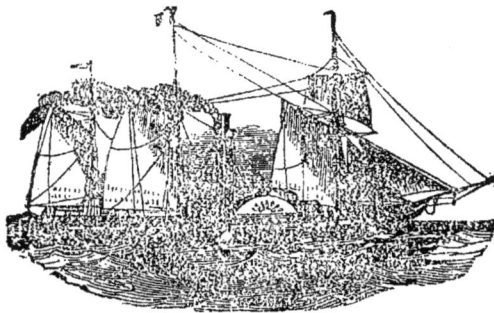

CHAPITRE XII.

—

A LA SURFACE DES FLOTS.

« Notre déjeuner fut excellent. Sir Harryson ne perdit pas un mot et pas un coup de dent. Il était tout yeux, tout oreilles.

» — Comme c'est agréable de voyager avec des savants, murmurait-il.

» — Il ne s'agit point de naviguer à l'aventure entre deux eaux, observa l'ingénieur. Sachons au moins où nous sommes. Je présume assurément que nous sommes dans les eaux de l'Océan. Arrêtons la marche du navire et remontons à la surface de l'onde à la façon des cétacés.

» Sir Waterpoof se leva de table et nous le suivîmes. Il pénétra dans la salle des machines et fit jouer le bouton obturateur qui suspendait le courant électrique, puis la lumière disparut.

» Sir Harryson se récria contre cette suppression subite. Les yeux lui faisaient mal.

» — Monsieur l'ingénieur, disait-il, vous auriez dû me prévenir à temps afin que je pusse me précautionner !

» Sir Waterpoof se prit à rire ; mais d'un franc éclat de rire.

» Je ne pus m'empêcher de l'imiter.

» — Puisque nous allons revoir le jour de la terre, répliqua notre mécanicien ingénieux, il n'est plus besoin de lumière.

» En effet, au bout de quelques instants une clarté diffuse apparut. Puis soudain un bruit formidable se fit entendre.

» C'étaient les réservoirs d'eau qui se désemplissaient au moyen de pompes compressives mues par l'effort simultané de l'électricité et de l'air comprimé.

» Un instant après le *Navigator* immobile émergeait à la surface de l'Océan.

» Nous nous en aperçûmes aussitôt ; car nous sentîmes un air vivifiant, saturé d'émanations salines et iodées, qui pénétrait dans nos poumons.

» — Le panneau de la plate-forme est ouvert, me dit alors l'ingénieur d'un ton bref.

» Si monsieur le capitaine Boscow veut bien faire le point.....

» — Oui, ajouta sir Harryson, c'est cela, car je désire connaître l'endroit où nous sommes.

» Obéissant à cet ordre je me hâtai de pénétrer dans notre chambre et de saisir un octant.

» Puis debout sur la plate-forme du *Navigator* je pris la hauteur du soleil. L'ingénieur et son compagnon montèrent à leur tour respirer le grand air de l'Océan pendant que je redescendis faire les calculs nécessaires à l'opération demandée.

» Suivant moi nous devions être par 55° de latitude Nord et 55° de longitude Ouest.

» Les eaux du Gulf-Stream ne devaient pas être éloignées.

» Je fis part de mes observations à mes compagnons qui parurent fort satisfaits.

» Il ne reste plus qu'à prendre la direction voulue et à filer vers le cap Horn, observa l'ingénieur.

» Il faut virer à bâbord, ajoutai-je, et nous serons dans la position normale.

» — Je ne voudrais point trop me trouver totalement au centre de l'Océan, murmura sir Harryson, s'il nous survenait une avarie quelconque.....

» — Notre navire est cuirassé, objecta l'ingénieur d'un ton bref. Il défie les tempêtes les mieux déchaînées et les récifs les plus durs. Marchons toujours, et ne craignez pas.

Un instant après notre inventeur ajouta :

— Ces messieurs, désirent-ils rentrer dans le sein de l'Océan ?

« Nous répondîmes affirmativement. Sur ce, le panneau

se ferma hermétiquement et automatiquement. De nouveau la lumière était absente; mais elle ne tarda pas à paraître.

» Je me dirigeai vers la chambre commune afin de mettre le gouvernail dans la position indiquée par mes calculs astronomiques, et sur mon avis la machine se mit en mouvement.

» — Nous voici bien partis, murmura sir Harryson, nous voyageons bien entre deux eaux; mais je n'aperçois guère les objets qui nous environnent.

» L'interlocuteur avait à peine achevé ces derniers mots que nous sentîmes une violente secousse sur l'avant du *Navigator*.

» — Un rocher! s'écria sir Harryson. Nous sommes perdus!...

» — Pas de crainte, riposta l'ingénieur, nous venons de toucher simplement au câble télégraphique sous-marin qui relie l'Angleterre à l'Amérique. La machine fonctionne bien, donc nous allons toujours de l'avant.

» Nous allons descendre davantage dans la profondeur des eaux afin d'éviter les chocs, ou du moins les atténuer davantage s'il s'en produit de nouveau.

» Puis sir Harryson sera satisfait.

» L'ingénieur ouvrit plusieurs robinets qui remplirent en un instant les réservoirs dont il a été fait mention plus haut.

» Puis il nous poussa doucement vers l'avant du *Navigator*.

» Instinctivement nous pénétrâmes dans la salle dite de récréation.

» — Seriez vous dans l'intention, par hasard, de me faire endosser cet uniforme? observa sir Harryson indiquant les scaphandres suspendus aux parois.

» — Non certes, répondit notre guide. Je réserve ces habits pour une autre occasion. Pour le moment n'y songeons pas.

» Tout à coup une obscurité complète nous enveloppa.

» — Tiens, l'ami, il fait noir..... la lumière s'est éteinte murmura le négociant désappointé.

» Je n'y comprends plus rien. Tantôt on y voit clair, tantôt on est comme dans une cave. C'est curieux, c'est drôle ! »

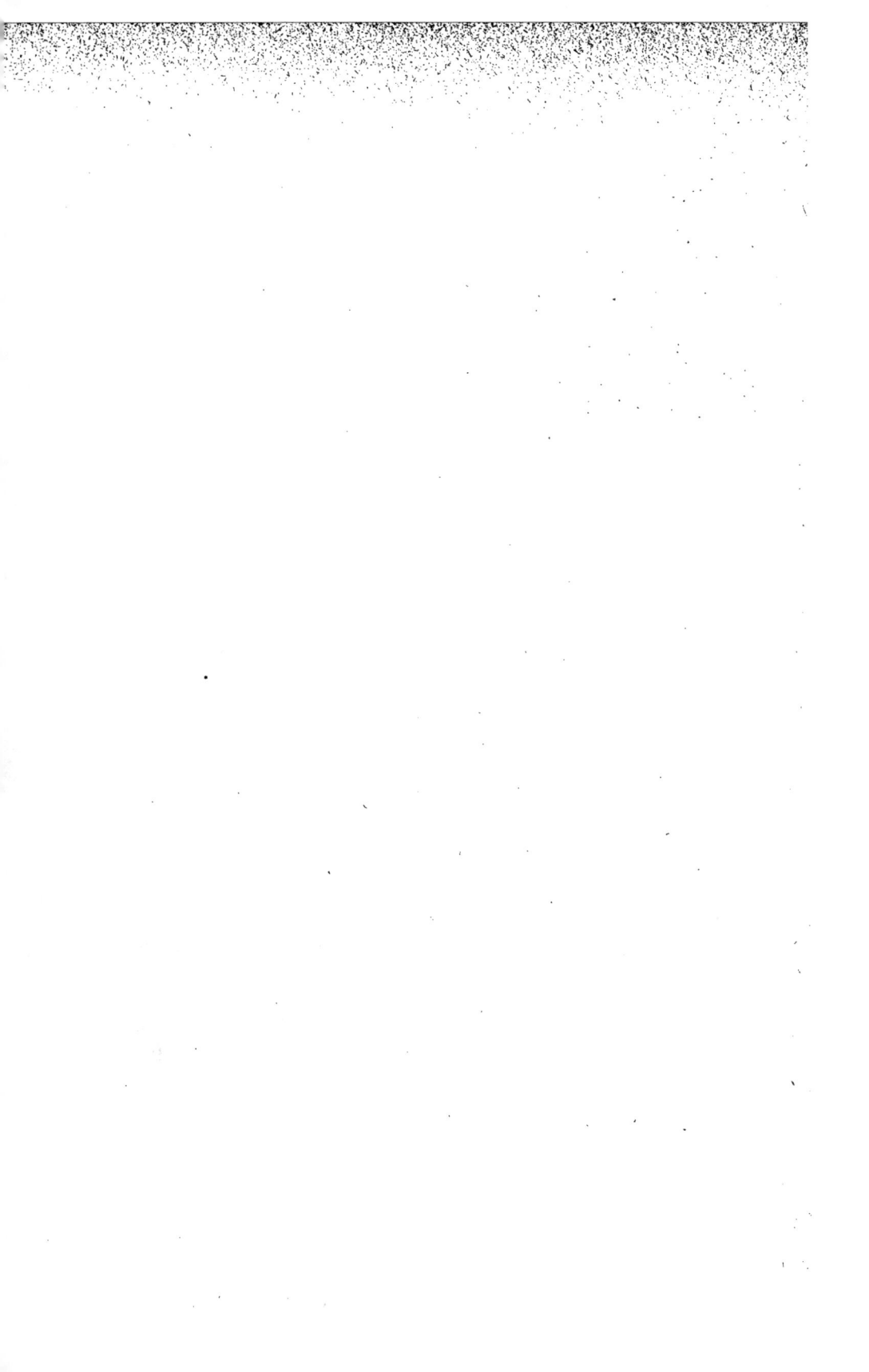

CHAPITRE XIII.

—

A CENT CINQUANTE MÈTRES AU-DESSOUS DU NIVEAU DE L'OCÉAN.

» Je restai muet, ne bougeant pas de ma place, ne sachant quelle surprise agréable ou désagréable nous attendait.

» On entendit tout à coup un grincement singulier, pour ainsi dire semblable au bruit de la tôle qui glisse sur plaque du même métal.

» Soudain le jour se fit de chaque côté à travers deux ouvertures de forme oblongue. Deux immenses feuilles de cristal nous séparaient de l'onde qui se mouvait autour de nous.

» Eh bien ? se prit à dire l'ingénieur qui savourait notre ébahissement, que dites-vous de cette surprise ?

» — Par ma foi ! elle est on ne peut plus agréable , répondis-je.

» La mer était visible d'une façon fort distincte dans un rayon approchant un mille autour de nous.

» Quel spectacle admirable! Nulle plume ne saurait le décrire, je sens la mienne plus qu'impuissante sur ce sujet plein de richesses !

» J'ai déjà parlé de la diaphanéité de la mer dans un chapitre précédent. On ne sera donc point étonné d'apprendre qu'à cent cinquante mètres plus bas que le niveau de l'Océan nous ayons pu jouir d'un spectacle sans pareil , unique au monde.

» Le navire semblait ne pas bouger, et cependant il marchait avec une rapidité étonnante.

» — On n'a pas le temps de voir cet admirable diorama, murmura sir Harryson.

» L'ingénieur Waterpoof sortit. Un instant après la marche du *Navigator* était ralentie. On pouvait jouir de la vue admirable qui nous était offerte.

» — Je comprends maintenant pourquoi, sir Waterpoof appelle cette pièce la salle de récréation , observai-je. Je ne suis plus étonné de cette appellation.

» Mais ce que je ne puis m'expliquer, c'est cet éclairage du dehors.

» — C'est bien simple, me fut-il aussitôt répondu. Un long tube de verre fermé hermétiquement aux deux bouts, rempli de gaz oxygène, traversé par un fil électrique nous donne cette vive clarté.

» — Mais elle ne durera point longtemps ?

» — Une demi heure environ, tout au plus, car la combustion de l'oxygène par l'électricité est fort rapide.

» A ce moment, une troupe de balistes, à corps comprimé, à peau grenue, armés d'une espèce d'aiguillon sur le dos se jouaient autour du *Navigator*, agitant leur queue hérissée de quatre rangées de piquants. Rien de plus beau que leur enveloppe grise et blanche où scintillaient des points semblables à des paillettes d'or.

» Parmi eux j'aperçus des raies qui nageaient semblables à des nappes blanches qui flottent au sein de l'onde.

» Pendant une demie heure tout un monde aquatique fit escorte au *Navigator*.

» Il nous tardait de voir apparaître un de ces squales terribles dont la vue seule fait trembler ; mais nous n'en vîmes point. Je distinguai seulement quelques variétés de salamandres, de mules, de murènes, de dorades, de soles, de longs serpents zébrés de noir, de bleu et de jaune, etc, etc. A un moment donné toute cette brillante escorte disparut. Nous ne vîmes plus que la raie lumineuse qui se projetait dans la profondeur de l'Océan.

» Nous crûmes le spectacle terminé.

» Sir Waterpoof fit remonter notre embarcation sous-marine un tant soit peu afin de changer le point de vue.

» Notre déception ne fut pas de longue durée ; car au

bout d'un instant nous aperçûmes deux corps d'une dimension raisonnable qui s'avançaient vers le vitrage électrique.

« Nous distinguâmes bientôt deux amphibies qui vinrent
coller leur museau contre la glace de cristal qui nous séparait.

» Sir Harryson accoudé le long de la balustrade fit un
mouvement brusque en arrière. Il eut peur.

» — Ces phoques sont joliment effrontés! s'écria-t-il, ils
essaient de rompre le verre!...

» Ils ne le rompront point observa l'ingénieur. Cette
glace est épaisse de six centimètres et elle est trempée.

» — Pourquoi viennent-ils mettre leur museau à la
fenêtre riposta le riche négociant. Je n'aime point à voir ces
phoques aussi près de moi.

» — Des phoques! s'exclama sir Waterpoof, je le veux
bien, des phoques! c'est de la famille; mais ce n'est point
leur vrai nom.

» Alors?

» — Écoutez une petite leçon d'histoire naturelle, s'il
vous plaît.

» L'étude attentive de la zoologie nous montre que la
Providence n'agit jamais, dans ses créations, d'une façon
tout à fait absolue; mais qu'elle aime, au contraire à placer
l'exception auprès de chacune de ses règles, même les plus
sévères. C'est là un fait facile à constater, et très marqué
surtout à la limite de chacune des classes animales.

» Il semble en effet que pour passer d'un type à un autre,

la nature ait eu quelques hésitations; qu'elle ait voulu établir des types mixtes présentant des caractères communs avec deux groupes très distincts entre lesquels ils établissent une sorte de transition.

» A certains mammifères, la Providence a donné, par exemple, comme à la chauve-souris, les ailes de l'oiseau et la faculté de voler comme lui; à d'autres, comme au marsouin, ou à la baleine, elle a donné le corps allongé du poisson dont ils ont aussi la vie essentiellement aquatique, et transformé leurs membres en forme de nageoires. D'autres encore semblent établir le passage insensible entre ces mammifères pisciformes et les mammifères ordinaires; ceux là ont une vie tantôt terrestre et tantôt aquatique. Leurs membres empêtrés, aplatis en forme de rame, forment de chaque côté de la partie antérieure du corps et à la partie postérieure des organes imparfaits pour la locomotion terrestre, mais excellents pour la natation : tels sont les mammifères carnassiers constituant le groupe des *amphibies*.

» C'est à ce groupe qu'appartient les otaries, les otaries, — entendez-vous bien, — qui se trouvent devant vos yeux.

» Les carnassiers amphibies, dont on compte un grand nombre d'espèces, sont des animaux caractérisés par la forme allongée de leur corps et par leurs membres en partie cachés sous la peau. Les membres antérieurs, toutefois sont plus libres que les membres postérieurs, qui recouverts presque entièrement et réunis l'un à l'autre par un prolongement cutané, composent dans leur ensemble, un organe aplati et élargi en queue de poisson.

» Comme vous le voyez la tête de ces animaux est ronde,
assez grosse ; la capacité du crâne est en rapport avec le
développement du cerveau, qui présente un nombre assez
considérable de circonvolutions bien marquées. Leurs yeux
circulaires ont une expression douce, particulière ; leur lèvre
supérieure est ornée de moustaches rudes, composées de
poils cornés, tantôt rectilignes, tantôt contournés en spira-
les. Leur peau est couverte d'un poil fin et serré, le plus
ordinairement ras, quelquefois cependant assez long surtout dans les parties antérieures où chez quelques espèces il
constitue une espèce de crinière.

» Ces animaux sont carnivores ; ils se nourrissent de poissons, de mollusques, de crustacés, et vivent ordinairement
en troupes comprenant un certain nombre de femelles pour
un seul mâle, qui protège et défend son petit sérail avec un
grand courage, et se montre pour ses compagnes plein de
soins et de tendresses, surtout pendant le temps de la gestation.

» C'est à terre, sur un lit d'algues et d'autres plantes
marines amassées d'avance, que les femelles mettent bas ;
et elles ne retournent à l'eau que douze ou quinze jours
après la naissance des petits, quand ceux-ci ont acquis la
force de les y suivre. Le mâle jusque-là pourvoit à la nourriture de ses femelles. Celles-ci se chargent de la première
éducation de leurs nourrissons, leur apprennent à nager, sur-
veillent avec sollicitude leurs premiers ébats, les ramènent
à terre pour les allaiter ; mais dès qu'ils sont assez forts
pour subvenir eux-mêmes à leurs besoins, le père inter-

vient, les chasse, et les oblige à choisir un autre lieu pour s'établir.

» Les carnivores amphibies sont doués d'une certaine intelligence, comme le peut faire prévoir la conformation de leur cerveau. Pris très jeunes, on les voit s'apprivoiser facilement, s'attacher à leur maître, obéir à sa voix, le caresser, lui donner en un mot toutes les marques d'affection et de gratitude.

» — De patients matelots, observai-je, ont pu leur apprendre des tours qu'ils exécutent avec une incroyable volonté et souvent avec une surprenante adresse.

» — Ceci est vrai, capitaine, poursuivit sir Waterpoof.

» Inoffensifs pour la plupart, quoique doués d'un réel courage pour la défense de leurs femelles ou de leurs petits, ces animaux sont une proie facile pour les pêcheurs qui les recherchent à cause de la graisse qu'ils en tirent. Aussi plus de cent bâtiments de toutes nations sont annuellement occupés de cette pêche.

» Les carnivores amphibies comprennent trois genres distincts, savoir : les phoques, les otaries, les morses, groupes qui comprennent à leur tour un très grand nombre d'espèces et de variétés.

» Sans parler d'autres caractères moins apparents, ce qui sert le plus communément à distinguer les animaux de ces trois groupes, c'est : la présence de longues défenses chez les morses, l'existence des oreilles chez les otaries, tandis que les phoques sont privés des unes et des autres.

» Le vulgaire, peu soucieux des caractères scientifiques, a donné à la plupart des amphibies des noms de fantaisie destinés à indiquer la ressemblance qu'on a cru trouver chez eux avec d'autres animaux. C'est ainsi que le phoque a été appelé *chien marin*, qu'on a donné le nom d'*ours marin* à un autre phoque à cause de son museau allongé et de la longueur des poils bruns dont sa peau est couverte. Un autre phoque encore, qui porte sur le nez un appendice érectile simulant une trompe, a été baptisé *éléphant marin*, l'otarie enfin, à cause de sa crinière, n'a pas manqué d'être appelée *lion de mer*.

» L'otarie (*otaria*), qui doit son nom aux oreilles dont sa tête est ornée, se distingue encore des morses et des phoques par d'autres caractères. Les poils des otaries sont ordinairement plus fournis, disposés en crinière chez le mâle dans certaines espèces; leurs membres plus dégagés leur permettent de se mouvoir plus facilement à terre. Leurs doigts manquent d'ongles, et sont réunis par des palmatures découpées en lanière à leur extrémité libre. Sous l'influence de la joie ou de la colère, elles font entendre un grognement qui ressemble un peu à l'aboiement du chien.

» Si l'otarie peut, dans un moment d'excitation ou de fureur, ne pas craindre de s'attaquer à l'homme pour lequel elle peut même, grâce à ses dents aiguës et robustes, devenir un ennemi redoutable, il faut avouer que c'est le plus souvent un animal inoffensif et susceptible d'un certain attachement pour ceux qui le soignent.

» Les otaries se trouvent surtout sur les grandes plages

désertes de l'Amérique méridionale, depuis le Pérou jusqu'au cap Horn, le but de notre voyage; bien qu'elles soient plus agiles que les autres amphibies et qu'elles passent un assez long temps à terre, elles s'éloignent ordinairement peu des côtes.

» — Alors, conclut sir Harryson, nous ne devons pas être éloignés du Pérou, puisque nous venons d'apercevoir des otaries.

» — C'est possible, répliqua l'ingénieur. Notre maître veut-il remonter à la surface de la mer?

» — Oui, si la mer est calme; car la galerie de fer qui se trouve sur la plate-forme du *Navigator* n'est pas assez solide pour empêcher un homme de tomber à l'eau. Si pareil malheur m'arrivait.....

» — Vous êtes peureux?

» — J'ai peur, moi? Peureux! Eh! cher Waterpoof, ne vous ai-je pas donné une preuve de mon courage en descendant à cent cinquante mètres sous l'eau, enfermé dans une espèce d'étui électrique capable de renverser une demi-douzaine de frégates cuirassées? Peur, moi? allons donc!... vous plaisantez!

» Allons, quoique votre balustrade ne soit pas bien solide, remontons respirer l'air d'en haut. Il me semble que je vais étouffer.

» Sir Waterpoof vida le dernier réservoir qui fût plein, ne pouvant s'empêcher de rire entendant ce que venait de lui répondre sir Harryson.

» — Le commandant a bien parlé, dit-il ironiquement.

» — Commandant? répétai-je. Ah! c'est le terme que je ne pouvais trouver pour définir d'une façon exacte la position de sir Harryson à bord du *Navigator*.

» C'est cela. Monsieur est mécanicien, je suis timonier et sir Harryson possède le titre de commandant.

» Mon observation arracha un sourire au négociant qui dit :   «

» — Décidément il m'a fallu l'ingénieuse idée de vouloir descendre au fond de la mer pour m'instruire. Vrai! je ne regrette pas les cinq cent mille livres sterling que me coûte mon *Navigator*.

» Puis, me prenant la main, il ajouta :

» — Montons sur la plate-forme.

» L'ingénieur nous avait précédés, il était debout braquant sa lorgnette dans toutes les directions.

» — Que voyez-vous, ingénieur? dis-je en frappant doucement sur l'épaule de ce dernier.

» — Un phare, me fut-il répondu, et je cherche à me rendre compte à quelle terre il appartient.

» A mon tour je pris la longue-vue, et sans hésitation je reconnus le phare de San-Salvador qui pointait dans le lointain quoique la nuit ne fut pas encore venue. Il grandissait à mesure que nous avancions.

» Sir Harryson durant notre voyage n'avait jamais été aussi attentif et aussi observateur.

» — Un phare, dit-il. Donc nous ne sommes pas éloignés de la terre.

» — Evidemment.

» — Quel est-il?

» — Tout me porterait à croire que c'est le phare de San-Salvador si nous n'avons pas changé de direction. Du reste je vais m'en assurer en consultant la carte.

› Je descendis à la timonerie et dépliai la carte.

» Mes recherches ne furent pas longues, et je vis que ma première hypothèse n'était pas véritable.

» Le phare que nous en avions vue appartenait à l'Amérique du Nord, et je ne pouvais préciser quelle station maritime il éclairait.

» J'eus tort d'avancer qu'il appartenait à San-Salvador, puisque cette dernière ville dépend de l'Amérique du Sud. »

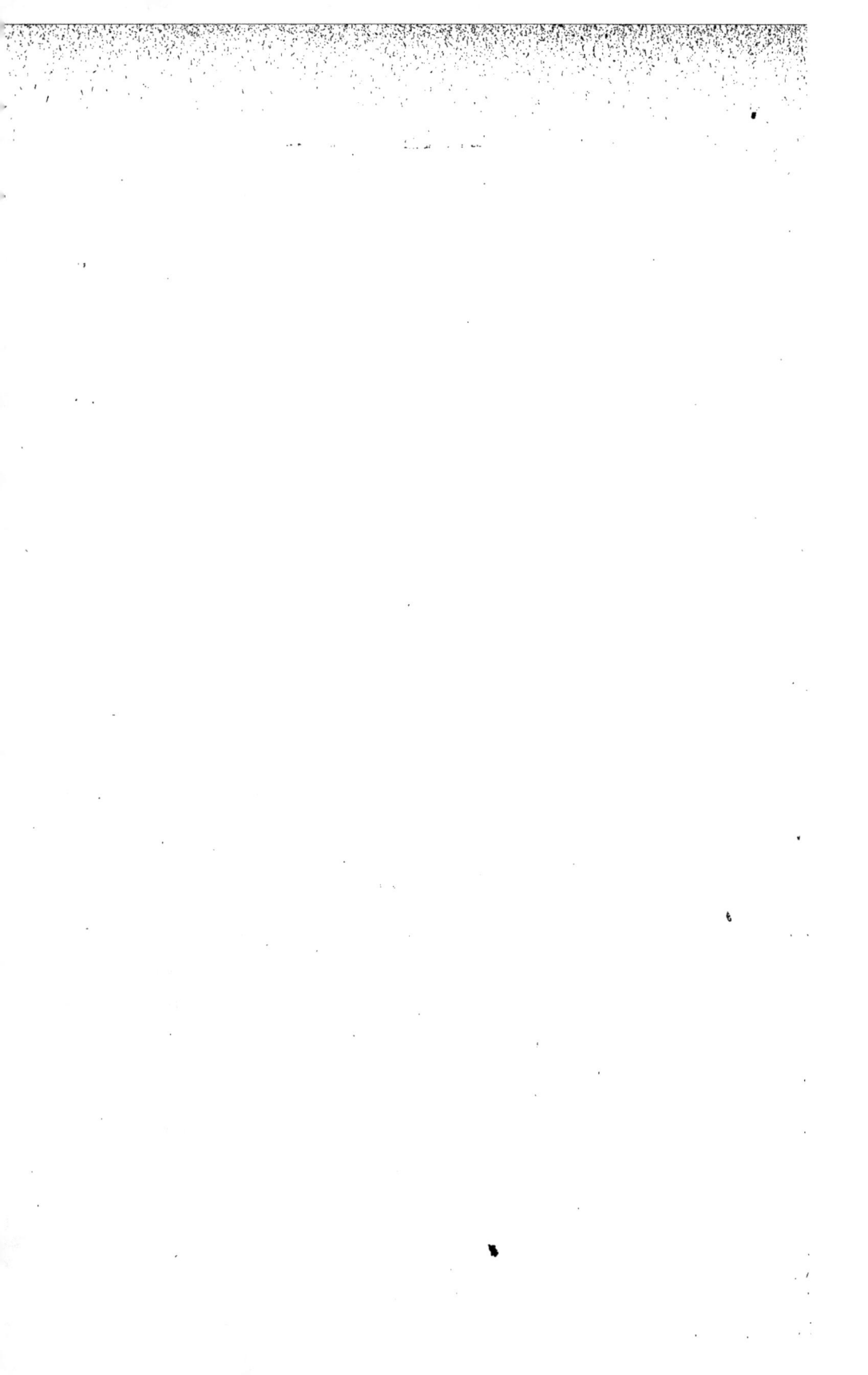

CHAPITRE XIV.

—

LES SENTINELLES DE LA MER.

« L'Océan menace incessamment la vie et les établissements de l'homme, dont il semble parfois que l'audace l'ir-
rite ; il est temps de montrer à présent ce que le génie de
l'homme a produit, soit pour résister aux efforts furieux de
l'Océan en courroux, soit pour se guider dans la tourmente
aveugle, afin d'éviter les écueils contre lesquels elle cherche
à le briser, soit enfin pour ravir à l'abîme la proie qu'il a
déjà engloutie.

» A coup sûr, il est peu d'objets susceptibles d'inspirer
des pensées plus douces, plus attendrissantes que la vue
d'un phare se dressant à l'extrémité d'un promontoire ou
sur la crête d'un rocher, et dardant les rayons de son œil
de feu sur l'humide horizon. C'est pour le voyageur, qui
revient après une longue absence, le premier ami qui lui

souhaite une cordiale bienvenue sur sa terre natale ; et pour celui qui la quitte pour des contrées lointaines d'où il est si peu sûr de revenir, et qui, ayant quitté le port, peut suivre encore pendant plusieurs milles sa lumière amie, c'est le dernier lien qui rattache ses pensées à celles des êtres chéris qu'il laisse derrière lui.

» Lorsque cette étoile tutélaire ne brille pas au-dessus des vagues, n'est-ce pas d'ailleurs un signe certain de quelque grande calamité ? Cela veut dire, en effet, que le sol sur lequel le phare est bâti est en proie aux horreurs de la guerre ; cela veut dire qu'il n'attend que des ennemis, auxquels les sables mouvants ou les écueils qu'il a la mission de dénoncer feront justement la réception qu'il convient.

» La lumière brillante d'un phare est comme la torche de la civilisation : impossible de guider un navire à travers le périlleux Océan sans son secours ; point de sécurité dans ces relations de peuple à peuple qui ont le trafic pour mobile et pour résultat la diffusion des idées d'humanité et de progrès. Là où cette torche a été éteinte, ou n'a jamais été allumée, les ténèbres sont bien plus épaisses qu'ailleurs : la barbarie y règne despotiquement ou y est établie de passage.

» On a peu de notions certaines sur l'origine des phares, ou mieux des tours à feux de l'antiquité ; leur existence à une époque reculée est certaine ; mais il ne nous reste aucune trace, si ce n'est quelques vagues allusions des auteurs et notamment d'Homère, comparant l'éclat du bouclier d'Achille à celui du feu brillant dans un lieu solitaire pour guider les marins vers le port, en termes qui prouvent que le son temps (de 776 à 1000 ans avant J.-C., suivant différentes traditions), la prévoyance avait fait une habitude de l'entretien de tels feux.

» On croit que ces phares primitifs, ou tours sacrées, étaient en même temps des temples, et qu'on y faisait de fréquents sacrifices dans le but d'apaiser la colère des dieux lorsqu'elle se traduisait par d'effroyables tempêtes, et de les intéresser au sort des infortunés marins en péril. Elles servaient aussi d'écoles navales, et l'on y enseignait l'astronomie et la navigation. Ces tours étaient bâties en pierres, atteignaient parfois d'énormes dimensions et avaient dans l'intérieur une sorte d'autel pour les sacrifices. Elles semblent avoir été fort nombreuses. Chaque promontoire avait la sienne.

» Sur les côtes d'Italie, de semblables tours étaient érigées, dont les feux étaient contenus dans des sortes de grilles métalliques assez semblables, à ce qu'il faut croire, aux grilles de foyer pour la combustion de la houille ou du coque, et s'inclinant dans la direction de la mer. Les gardiens de ces tours étaient en outre munis, dans le jour, de grandes conques marines dans lesquelles ils tonnaient à intervalles rapprochés pour informer les navigateurs de leur situation réelle, ou, à l'occasion donner l'alarme dans le pays.

▸ Le phare le plus ancien sur lequel nous ayons des renseignements exacts, est le célèbre *Pharos*, l'une des sept merveilles du monde, qui donna son nom, emprunté de l'îlot sur lequel il fut bâti, à toutes les tours à feux qui se succédèrent depuis.

» L'île de Pharos au temps d'Homère, était éloignée d'un jour de traversée du Delta du Nil ; mais à l'époque où la célèbre tour y fut érigée (300 ans avant J.-C.) ou plutôt à l'époque de la fondation d'Alexandrie, quelques années plus tôt, elle n'était éloignée de cette ville que de sept stades (environ 1 kilomètre 500 mètres), et était reliée à la terre ferme au moyen d'une chaussée de cette étendue ayant un pont à chaque extrémité.

» Les côtes d'Égypte étant très basses et fort exposées aux vents d'ouest soufflant de la Méditerranée, sans parler des écueils à fleur d'eau qui en rendaient l'approche fort dangereuse, Ptolémée Philadelphe, dès la première année de son règne, décida l'érection de cette tour superbe, qui avait, assurent les historiens 550 pieds de hauteur et coûta 800 talents, ou environ 4,450,000 francs de notre monnaie.

» Il chargea de cette mission l'architecte Sostrate, de Gnide qui avait bâti beaucoup des principaux édifices de cette ville nouvelle. Le *Pharos* se composait de plusieurs étages, ou plutôt de plusieurs tours superposées, ornées de balustrades et de galeries taillées dans le plus beau marbre et d'un travail exquis.

» Il était pourvu de verres télescopiques permettant de distinguer les vaisseaux à une grande distance. Suivant l'historien Josèphe, le feu qui brûlait à son sommet était aperçu à la distance de 300 stades (55 kilomètres). C'est peut être exagéré.

» Dans des temps plus modernes, les Turcs érigèrent deux forts à l'endroit où existait ce phare, et qui n'est plus l'île de Pharos, mais une simple petite péninsule. L'un de ces forts était situé exactement sur l'emplacement de cette merveille du monde dont on ignore la fin.

» Parmi les monuments de l'antiquité que certains auteurs, mais seulement des auteurs modernes, nous signalent comme phares, je ne puis me dispenser de citer encore le fameux colosse de Rhodes ; mais je n'irai pas plus loin que cette citation, attendu qu'il est au moins fort douteux que cette colossale statue d'Apollon, dont nous ne connaissons qu'une image fantaisiste, ait tenu la position qu'on lui prête à l'entrée du port de Rhodes, et qu'il est plus que probable qu'elle n'a jamais servi de phare.

» Les Romains construisirent de nombreux phares dont les modèles ne manquent point. Tels sont le phare d'Ostie, bâti par Claude; ceux de Messine, de Ravenne, de Pouzzoles, etc.

» En 1643, les ruines de la célèbre tour d'Ordre, bâtie aux portes de Boulogne par Caligula, étaient encore visibles. C'était une tour octogone à douze étages, s'élevant à près de deux cents pieds au-dessus de la falaise, qui elle même s'élevait à cent pieds au-dessus du niveau de la haute mer.

» Tout auprès de Douvres, il existait un phare semblable

dont on voit encore les ruines. Ces ruines représentent un important tronçon de tour octogone, comme était la tour d'Ordre de Boulogne, mesurant tel quel une hauteur de trente à quarante pieds. Les murs ont au moins dix pieds d'épaisseur. On croit généralement que cette tour fut érigée sous le gouvernement d'Aulius Plantius ou sous celui de Sertorius Scapula son successeur, qui quitta l'Angleterre en l'an 53 de notre ère; mais à dire vrai, on n'a aucune preuve de cette origine qui en ferait un monument à peu près contemporain de la tour d'Ordre, c'est-à-dire de quelques années seulement plus récent.

» Le premier phare digne de ce nom, qui fut élevé en France, est la tour de Cordouan, bâtie en 1584 par Louis de Foix, l'architecte de l'Escurial, sur une île qui n'est plus aujourd'hui qu'un bloc de rochers, recouvert par la haute mer à l'embouchure de la Gironde.

» La tradition veut que deux autres phares se soient précédemment succédés en cette même place, dont le premier aurait été bâti par Louis le Débonnaire et le second en 1362 par le prince Noir.

» Quoiqu'il en soit le phare actuel est le plus noble édifice du monde, et ne fut terminé qu'en 1610 sous le règne de Henri IV. Il ne mesure pas moins de 97 pieds de hauteur, et se compose d'un massif de maçonnerie entouré d'une plate-forme circulaire et surmonté d'une tour conique à quatre étages formant des galeries successives, au sommet desquelles est placée la lanterne.

» Le phare de Cordouan a subi bien des restaurations depuis son érection, mais la partie supérieure seule de l'édifice en a été modifiée, et la plus grande partie de l'œuvre de Louis de Foix est presque intacte.

» Ce qu'il nous paraît important de constater, c'est qu'il est avéré que le phare actuel de Cordouan a été construit non au-dessus, mais près des ruines d'un phare antérieurement élevé dans cet endroit, et cependant le phare actuel est encore considéré aujourd'hui comme le premier qui fut construit en Europe, le premier phare d'Eddystone ne datant que de 1696.

» Avant le règne d'Edouard III, dit lord Coke, on n'avait que des tas de bois placés sur les points élevés et auxquels on mettait le feu ; mais sous son règne (1326-1377) on se servit de caisses de poix au lieu de bois. »

» Ce serait donc sous ce même règne d'Edouard III qu'aurait été érigé le second phare de Cordouan (1362 à 1370), remplacé par le phare actuel.

» Les phares de la Hève, situés sur la pointe du cap de ce nom, à l'embouchure de la Seine, viennent par rang d'ancienneté, après la tour de Cordouan ; ils ont été construits tous deux en 1774 ; mais d'après une tradition, ils remplaceraient une tour unique qui aurait été bâtie à la fin du règne du roi Jean. Ce sont deux tours quadrangulaires de vingt mètres de hauteur ; la lumière électrique, qui les éclaire aujourd'hui, est visible par un temps serein, à vingt milles au large. Ce sont les premiers phares auxquels on ait fait l'application de cette lumière.

» Le phare de Gatteville, près de Barfleur, colonne do granit de 75 mètres de hauteur, élevée sur un banc de récifs très dangereux, éclaire également l'embouchure de la Seine ; il a été construit de 1850 à 1855.

» Son feu tournant se voit à vingt-deux milles en mer.

» La construction des phares sur des rochers isolés et recouverts par la marée, présente des difficultés inouïes, que l'ingénieur Waterpoof surnommé Smeaton, le premier eut le courage de braver dans l'édification du célèbre phare d'Eddystone, dont je parlerai plus loin et qui a servi de modèle à tous les phares isolés bâtis depuis. La grande difficulté des constructions de ce genre réside, on le comprend, dans la partie des travaux à exécuter sous l'eau, c'est-à-dire à un niveau inférieur à celui des hautes eaux. Ces difficultés furent vaincues dès l'abord, grâce à une sage méthode combinant les heures de travail avec celles de la marée basse, et par la précaution qui fut prise de recouvrir de ciment, chaque fois que l'approche de la marée s'annonçait, les travaux qu'on allait abandonner à sa merci.

Les assises du phare des Héaux sont enfoncées dans le roc creusé en anneau à une profondeur de 50 centimètres sur un diamètre de 11 mètres 70 centimères, le centre du rocher étant laissé intact, c'est-à-dire couvert de béton tout simplement. L'édifice a quarante huit mètres d'élévation ; il est divisé en deux parties distinctes dans sa hauteur : la base qui est en maçonnerie pleine et ne s'élève à guère plus d'un mètre au-dessus des hautes eaux, et la partie supérieure qui est une tour ordinaire. Isolé au milieu de la mer et battu par les vagues furieuses lançant quelfois jusqu'à la coupole qui surmonte sa lanterne, des jets de blanche écume en se brisant impuissantes contre sa base inébranlable, le phare des Héaux apparaît avec ce caractère de grandeur calme et sereine qui est l'attribut de la force. Sous la pression des vagues puissantes, il s'incline cependant, et on rapporte d'après les gardiens du phare, que lors d'une violente tempête, les vases à l'huile, placés dans une des chambres les plus élevées, présentent une variation de niveau de plus d'un pouce ce qui fait supposer que le sommet de la tour décrit un arc d'un mètre d'étendue. Mais la tour des Héaux partage cette propriété qui semble une garantie de durée, avec beaucoup d'autres édifices qui s'inclinent ainsi sous les efforts des vagues ou du vent depuis des siècles.

» Beaucoup de phares mériteraient mieux qu'une mention toute sèche; tels sont par exemple, le phare des Triagos, le phare de la Joliette à Marseille; celui de Walde et celui de l'Enfant-Perdu, sur la côte de la Guyane, à six milles au nord-ouest de Cayenne, tous deux construits en fer; mais je n'ai pas ici l'ambition d'écrire l'histoire complète des phares, de ces sentinelles de la mer chargées d'une mission de salut, et dont le marin bénit la brillante apparition dans les ténèbres d'une nuit profonde et pleine de dangers.

» J'ai fait allusion, en passant, au célèbre phare bâti sur le dangereux rocher d'Eddystone (de *eddy* tourbillon, et *stone* pierre, roche), par l'ingénieur Waterpoof dit Smeaton. Cet édifice, qui élève encore aujord'hui sa haute tour sur le terrible écueil, y avait été précédé par deux autres phares qui finirent l'un et l'autre d'une manière tragique.

» Le premier phare d'Eddystone était l'œuvre d'un certain Henry Winstomley, gentleman extrêmement ingénieux, mais pas le moins du monde ingénieur. La construction en fut commencée en 1696 et on y alluma le premier feu le 14 novembre 1698.

» C'était une construction absolument fantastique, ayant l'apparence d'une gigantesque pagode chinoise, et dans laquelle l'esprit bizarre de l'architecte s'était donné la plus large carrière. Après différentes additions, l'édifice s'élevait à cent pieds au-dessus du niveau de la mer; malgré cela pendant la tempête, il n'était pas rare que la mer couvrît entièrement tout un côté du phare passant à une hauteur prodigieuse par dessus la girouette qui surmontait la lanterne.

» Personne ne pouvait croire à la solidité de cette singulière construction, tant elle avait de légèreté apparente, personne excepté l'architecte lui-même, qui n'en doutait point. Il était si profondément convaincu, qu'il disait à qui voulait l'entendre, que son plus grand désir était de se trouver dans sa tour par la plus effroyable tempête qui pût arriver. Son souhait fut enfin exaucé. En novembre 1703, Winstomley se trouvait au phare qui avait besoin de quelques réparations. Une effroyable tempête s'éleva pendant la nuit : la tour tint bon ; mais le jour suivant, l'ouragan augmenta de puissance, à tel point qu'il enleva comme un fétu de paille le phare d'Eddystone et tous ses habitants.

» Trois ans s'écoulèrent avant qu'une nouvelle tentative se produisît pour élever sur le fatal rocher un phare pourtant bien nécessaire.

» Ce fut encore un homme étranger à l'art de construire qui en prit l'initiative, John Ruydard, marchand de soieries. On commença les travaux en 1706, et deux ans après le premier feu brillait au sommet de la nouvelle tour.

» Pendant qu'on le construisait, un événement se produisit qui mérite d'être rapporté.

» L'Angleterre et la France étaient alors en guerre. Un corsaire français surprit les ouvriers occupés à la construction du phare, et les emmena comme prisonniers de guerre. Mais Louis XIV ordonna que ces hommes fussent rapatriés immédiatement, et leur fit remettre des présents, disant que, bien qu'il fût en guerre avec les Anglais, il ne l'était pas avec l'humanité tout entière, et que le phare d'Eddystone étant destiné à rendre un égal service à toutes les nations, il considérait comme un crime d'en retarder l'édification.

» L'œuvre de Ruydard résista pendant trente-huit ans ; mais vers la fin de 1744, une épouvantable tempête eut lieu, dans laquelle le navire *Victory* se perdit au pied même de l'édifice qui essuya lui-même de très graves avaries et eut sa soute défoncée.

» Il fut toutefois réparé, et peut-être existerait-il encore sans la catastrophe qui le détruisit en 1755.

» Le 2 décembre de cette année-là, vers deux heures du matin, le gardien de service se rendit à la lanterne pour moucher les chandelles. Il constata avec effroi que le feu s'était déclaré dans cette partie de la tour.

» Il appela ses camarades à l'aide ; mais ceux-ci étant endormis sans doute ne l'entendirent point. Alors le malheureux gardien essaya, mais vainement, d'éteindre lui-même l'incendie. A un moment où, le visage levé en l'air, il cherchait encore un moyen d'arrêter les progrès du fléau, une quantité de plomb fondu se détacha soudain du sommet, et coulant du toit comme un torrent, lui tomba sur les épaules, la tête et le visage, en le brûlant horriblement.

» Ses compagnons enfin éveillés, au lieu d'aller à son secours, cherchèrent leur propre salut dans la fuite, — quoique leur carrière fût nécessairement très bornée. Ils descendirent sur le rocher, et la flamme de l'incendie ayant été vue par des pêcheurs de Cawsand, ceux-ci arrivèrent en hâte, huit heures après, toutefois que le feu s'était déclaré, et recueillirent à leur bord les gardiens qu'ils trouvèrent tapis dans une sorte de caverne et plus morts que vifs.

» Le malheureux gardien qui avait été si cruellement brûlé par la pluie de plomb fondu, était un vieillard de quatre-vingt-quatorze ans, nommé Henry Hall. Il mourut des suites de ce terrible accident, et après sa mort on trouva dans son corps un morceau de plomb pesant plus de sept onces.

» Le bois entrait pour la plus grande part dans les maté-riaux qui avaient servi à la construction des deux premiers phares d'Eddystone. Après la catastrophe du 2 décembre 1755, il fut résolu qu'on bâtirait le troisième en pierre, et John Smeaton, aïeul de mon compagnon de voyage, fut chargé de l'exécution de ce projet.

» La première pierre de l'édifice fut posée le 12 juin 1757, et il fut achevé dans l'espace d'un peu moins de trois ans, sans perte de vie ni accident grave. Ce fut pourtant une épo-que pleine d'anxiété et de périls pour Smeaton et les hom-mes qui lui prêtaient leur concours dans cette dangereuse entreprise ; par le mauvais temps le rocher était absolument inaccessible, les vagues balayaient tout.

» Mais l'architecte et les ouvriers du phare des Héaux de Bréhat eurent plus tard à lutter contre des difficultés et des périls identiques, et les surmontèrent également.

» Le phare actuel d'Eddystone est une tour circulaire se projetant en une légère courbe, partant de la base et dimi-nuant graduellement jusqu'au sommet. L'extrémité supé-rieure est ornée d'une sorte de corniche et surmontée d'une lanterne, entourée d'une galerie à balustrade de fer. La maçonnerie est faite de blocs de granit assemblés en queues d'aronde, et, dans les assises inférieures, solidement bou-lonnés. Sur la partie supérieure de la tour, on lit cette ins-cription : « *Except the Lord build the house, they labour in vain that buildit.* — Psalm. CXXVII. (A moins que le

M,stères de l'Océan. 8

Seigneur ne bâtisse la maison, ceux qui la bâtissent travail-
lent en vain). »

» Et sur chaque côté de la lanterne la date à laquelle elle
fut posée, et ces mots : « Louange à Dieu! (August. 24 th.
1759. — *Laus Deo*). »

» Par rang d'importance, après le phare d'Eddystone,
c'est certainement le phare de Bell Rock, en Ecosse, qui
vient immédiatement; et le nom de Robert Stephenson
vient tout naturellement se poser à côté de celui de John
Smeaton.

» Ce phare est bâti sur un dangereux récif submergé,
situé à onze milles d'Abroath, sur la rive nord de l'entrée
du grand estuaire ou bras de mer appelé le *Fif* ou *Firth
of Forth*, et affectant directement la navigation dans le *Firth
of Tay*. Ce rocher avait toujours été un point extrêmement
périlleux pour les navires, et les moines de l'abbaye d'Aber-
brotock, aujourd'hui Abroath, y avaient placé une cloche
destinée à être mise en mouvement par les vagues et à si-
gnaler ainsi le fatal écueil, — d'où le nom de Bell Rock
(Rocher de la cloche), conservé à cet écueil et au phare qui
le surmonte aujourd'hui.

» D'après une ancienne tradition, des pirates s'étant em-
parés de cette cloche, se perdirent à un voyage suivant dans
ces parages sur le Bell Rock. Dans un poëme intitulé : *The
Inchape Bell*, Southey s'est chargé de transmettre cette lé-
gende écossaise à la postérité.

» La construction de cet édifice fut commencée le 18 août
1807, sous la direction de Robert Stephenson. Une rela-

tion de ses travaux, écrite par l'éminent ingénieur lui-même, nous apprend les difficultés et les périls de tout genre qu'il eut à combattre pour mener à bien son audacieuse entreprise, le rocher restant seulement quelques heures à sec pendant les grandes marées et ne laissant par conséquent que fort peu de temps pour établir les fondations de l'édifice avec toute la sécurité exigée.

» Malgré tout il y parvint, et la première pierre du phare fut posée le 10 juillet 1808, à la profondeur de seize pieds au-dessus du niveau des hautes eaux. Toute la maçonnerie à la hauteur de trente pieds fut achevée en 1810, et la lumière apparut pour la première fois au sommet du phare le 1er février 1811

» Le 14 novembre 1812, à la marée haute du soir, une mer furieuse battait le phare qui, à un certain moment, en fut si vigoureusement secoué que les ferrures des portes résonnèrent bruyamment, et que les gardiens effrayés sortirent sur la galerie, malgré le temps, pensant que c'était un bâtiment qui venait de donner dans le phare.

» L'édifice résista pourtant bravement au choc, et a si bien soutenu depuis sa réputation de solidité qu'il en est encore à avoir besoin de réparations de quelque importance.

» Un autre phare de la côte écossaise, non moins célèbre que celui-ci, s'élève sur les récifs de *Skeryvore*, situés à environ douze milles au large de Tyrec, dans le comté d'Argyl. Ces récifs avaient été pendant une longue suite d'années la terreur des marins, et un grand nombre de

naufrages avaient eu lieu dans les parages. En présence de
la difficulté d'aborder sur ces rochers, dont l'action des vagues qui les battaient sans cesse avait rendu la surface polie
et glissante comme un banc de glace, la seule idée d'élever
un phare ou une construction quelconque aurait été repous-
sée comme entachée de folie. Cependant cette idée avait été
émise par quelqu'un, dont l'avis était d'un certain poids
dans une pareille question, par l'architecte de Bell Rock,
Robert Stephenson lui-même.

» Ce ne fut toutefois qu'en 1834 que l'érection d'un
phare, sur les rochers de Skeryvore, fut résolue sérieusement, et ce fut au fils de l'ingénieur désormais illustre, qui
avait si bien réussi l'édification de la tour de Bell Rock, à
Alan Stephenson, que le plan du nouvel édifice et ensuite
sa construction furent confiés.

» On comprend quelles difficultés rencontrèrent les travaux sur un rocher presque inabordable, aussi glissant
qu'une boule de cristal et éloigné de tout point suffisant de
ravitaillement. Les travaux du phare même, tant étaient
énormes les travaux purement préparatoires, ne commencèrent qu'en août 1838, et la lumière brilla, pour la première fois, à 150 pieds au-dessus des hautes eaux recou-
vrant les terribles récifs de Skeryvore, le 1er février 1844.

» Beaucoup d'autres phares, bâtis en pierre et dans des
situations plus ou moins inabordables et dangereuses, vau-
draient la peine d'une courte notice au moins; tels sont les
Smalls, les *Needles*, le *Bishop Rock*, etc. Mais ceux dont
je viens de faire l'histoire aussi courte, mais aussi complète

que possible, suffiront à donner une juste idée de la grandeur et des difficultés de semblables travaux, ainsi que de la gloire dont rayonne à jamais le nom des hommes de courage et de génie qui les exécutent.

» Comme la France, l'Angleterre a ses phares bâtis en fer. Comme les phares de Walde et de l'Enfant-Perdu, le *Norfleet* et la plupart des phares des colonies anglaises présentent l'aspect fantastique d'un gigantesque squelette portant sur sa tête un feu sauveur.

» En terminant cette seconde causerie, je veux dire un mot des feux flottants, ces utiles auxiliaires des phares, là où l'érection d'un édifice quelconque est impossible. Ce sont des navires spéciaux, à première vue assez peu différents des autres, quoique organisés pour donner prise au vent le moins possible. Attachés par d'énormes chaînes? ces bateaux-phares ne bougent pas par les plus fortes marées, par les plus violentes tempêtes. Il est du moins peu d'exemples qu'un tel bateau ait rompu ses amarres, et il n'en est pas un seul qui ait coulé.

» Lorsque l'accident de la rupture des amarres se produit toutefois, ou que secoué par les vagues, le bâtiment prend une position qui donne à son fanal une direction capable d'induire le marin en erreur, vite un signal est arboré et l'on tire le canon pour avertir ceux qui pourraient se trouver à portée et être trompés par le déplacement de la lumière.

» Il me reste beaucoup à dire certainement sur les signaux de mer, même sur les signaux lumineux dont je

n'ai pu épuiser la liste ; et il en est d'autres, les signaux
sonores, que je néglige. De même il y aurait tout un livre
à faire sur la vie de ces hommes pleins de courage et d'abné-
gation, gardiens de phares ou de *light vessels,* un livre
pleins de scènes d'horreurs et de traits d'héroïsme, — que
je ferai peut-être un jour ; mais qui ne saurait trouver
place ici, poursuivant le but proposé, c'est-à-dire la narra-
tion succincte de mon voyage sous-marin. »

CHAPITRE XV.

—

ALERTE. — LA BALEINE.

« Je me hâtai de remonter sur la plate-forme. Mes compagnons de voyage m'attendaient avec la plus grande impatience.

» — Eh bien? dit l'ingénieur, le nom du phare?

» — Je ne saurais le préciser.

» — Pourquoi?

» — Les données sur lesquelles je m'appuyais sont
fausses.

» — Ah! vraiment?

» — Vraiment.

» Au moment où je prononçais ces dernières paroles
nous vîmes la mer bouillonner à un demi mille autour de
nous.

» Cependant sa surface générale était calme et tranquille.

» — Qu'est-ce ceci, interrogea sir Harryson.

» — Je ne saurais le dire, répondit l'ingénieur.

» C'est une baleine, murmurai-je, qui remonte vers Terre-Neuve et qui se sent poursuivie.

» — Ah?

» — C'est plus que probable.

» — Alors il serait prudent de rentrer dans l'intérieur de notre bateau sous-marin, et de filer à toute vitesse afin d'échapper à la fureur du monstre, ajouta l'ingénieur Waterpoof.

» — Je suis de votre avis, ajouta sir Harryson tremblant.

» — Mais notre descente sous-marine ne nous empêchera point de jouir d'un spectacle émouvant? poursuivis-je.

» — Pas le moins du monde.

» Un instant après le panneau se referma hermétiquement et le *Navigator* descendit de quinze brasses sous l'eau.

» Notre première préoccupation fut de nous diriger vers la salle de recréation et de faire jouer les ressorts qui ouvraient les panneaux de côté.

» — Voici le plus grand aquarium qu'on ait jamais vu, murmura sir Waterpoof.

» — Je ne vois rien, poursuivit sir Harryson, pourquoi la lumière électrique n'éclaire-t-elle pas?

» — J'ai un motif pour cela.

» — Je comprends, m'empressai-je de répondre. Le cétacé s'approchant vers nous se dirigerait d'un autre côté, s'il était surpris par cette clarté subite et alors.....

» — Et alors?

» — Nous n'aurions pas le plaisir de naviguer côte à côte avec le monstre marin.

» — Très bien pensé! s'écria sir Waterpoof.

» Le capitaine a raison. — Pardon, je voulais dire le chef timonier.

» L'exclamation de notre mécanicien nous fit rire; mais il était temps de prêter attention. Un bruit singulier se faisait entendre à tribord.

» — C'est la baleine qui arrive, murmurai-je doucement comme si je craignais que ma voix ne la fît fuir.

» Mécanicien, ajoutai-je, arrêtez la marche du *Navigator;* sans quoi nous perdons la vue du monstre.

» Mon ordre fut aussitôt exécuté.

» Notre embarcation sous-marine resta immobile comme une épave qui flotte entre deux eaux.

» C'était notre salut.

» La baleine poursuivie et blessé par un harpon passa rapidement devant nous.

» Elle avait bien un autre souci que celui de s'amuser à flairer notre cuirassé sous-marin!...

» Ce qui lui importait pour le moment c'était d'échapper à ses agresseurs.

» La lumière électrique éclaira subitement le cétacé que nous pûmes considérer un instant; mais il hâta sa disparition.

» C'était un des plus beaux spécimens de l'espèce désignée sous le nom de *baleine* franche. Elle avait 26 mètres de longueur environ et paraissait peser plus de 50,000 kilogrammes.

« A côté de ce géant des mers, que sont, s'il vous plait, les chevaux normands, les bœufs garonnais, les hippopotames et les éléphants?

» Et cependant, malgré leur taille colossale, les baleines ont presque échappé aux investigations de la science. Il y a bien peu de temps qu'on a pu réunir les éléments d'une monographie passable, grâce aux renseignements fournis par Scoresby et longuement étudiés par Cuvier.

» La pêche des cétacés remonte aux temps antiques, presque aux temps fabuleux. Aristote, Xénocrate, Oppien, Pline, Strabon, Elien en parlent, et nous apprennent que les Phéniciens, les Carthaginois, les Grecs et les Romains poursuivirent la baleine dans la mer Océane et dans la mer Intérieure. Le divin Homère n'en dit rien, mais le divin Homère était poète. Or l'on sait la confiance que méritent les poètes dans les questions de science et de technologie. Rarement Pégase consent à descendre sur la terre, et à plus forte raison dans l'eau.

» Une preuve certaine que les anciens connaissaient la baleine, c'est qu'ils en firent une constellation.

» Neptune s'étant épris des charmes de la belle Andro-
mède voulut l'épouser, mais la fille de Cephée résista.
Alors le dieu aquatique expédia un *ketos* pour l'enlever ou
la dévorer. Heureusement survint Persée qui tua le monstre marin. En dédommagement Neptune le plaça dans le
ciel.

» J'avoue humblement que ce *ketos* me paraît être un
animal apocryphe. Mais en grec le mot *ketos* ou *mistikitos*
signifie baleine, et Neptune se connaissait assurément en
poissons.

» Bochard cet illustre savant du xviie siècle qui affir-
mait que toutes les langues avaient pour origine la langue
Phénicienne, faisait naturellement dériver le nom de
baleine du phénicien baal-nun qui veut dire : roi des poissons ou roi de la mer.

» Les dissertations étymologiques n'avancèrent guère la
question, puisque Cada-Mosto le navigateur qui découvrit
les îles du Cap-Vert, le père Fournier auteur d'un traité
d'hydrographie acceptèrent les versions les plus exagérées
et représentèrent le cétacé souffleur comme une île flot-
tante, ayant le dos couvert d'algues et de mollusques, les
nageoires plus grandes que les ailes d'un moulin à vent et
la tête aussi grosse qu'une cathédrale !

» Aldrovande, le successeur de Pline et le précurseur de
Buffon, diminua cette taille colossale, mais se laissa égarer
dans ses descriptions par tous les dérèglements d'une haute
fantaisie. Rien de plus curieux que les baleines dessinées
par les artistes qui collaborèrent à son histoire naturelle.

» Munies de panaches et de collerettes, la peau bizarrement bariolée, la queue retroussée et barbelée, la bouche démesurée et garnie de défenses formidables, elles avaient avec cela un aspect terrible et menaçant qui dépasse tout ce qu'on avait accumulé d'horrible et de fantastique pour la création des dragons et des hydres.

Les Orientaux renchérirent encore sur les Occidentaux. Chez eux il n'est point rare de rencontrer des baleines si longues qu'il faut trois jours à un vaisseau pour aller de la tête à la queue. Trois jours ! que dis-je? Un livre du Céleste Empire, le respectable traité *Tsi-ki-ai*, affirme sérieusement que la baleine Pheg a 450 lieues d'étendue, que la mer se soulève, qu'une épouvantable tempête éclate lorsqu'elle s'agite.

» Les Arabes, qui ont découvert le *Roc*, cet oiseau à envergure si large, qu'il cache la lumière du soleil et plonge des provinces entières dans l'obscurité, les Arabes ne pouvaient assurément rester en arrière des Chinois. Ils nous apprennent qu'une baleine suporte la terre comme Atlas suporte le ciel et Encelade l'Etna.

« Et voyez à quoi tient notre destinée? Un jour le démon conseilla au cétacé de se défaire de son fardeau et d'anéantir l'humanité, cette humanité si piètre, si orgueilleuse, si pétrie de vices et plus bête peut être que l'intelligent animal qui se dévouait pour elle. Le démon ayant déjà tenté notre mère Eve, il ne lui était guère difficile de convaincre une baleine. Celle-ci écouta les raisonnements du roi des enfers et secoua son fardeau. Elle allait le précipiter dans l'espace lorsque, fort heureusement, Allah survint. — Allah survint, dis-je, chassa le tentateur et rétablit les choses dans leur état primitif.

» Pour cette fois, il n'y eut que plusieurs tremblements de terre et quelques déluges partiels.

» Maintenant trève sur les fables baleinières.

» Frédéric Martens, chirurgien à bord du navire le *Jonas dans la baleine*, baleinier commandé par Pierre Peterson, de Friseland, donna en 1674 une exquisse assez exacte de la baleine franche et quelques renseignements sur ses habitudes. Dès lors la fable fut reléguée au dernier plan et la science reprit ses droits.

» Après Martens, vinrent Willoughby, Ray, Artedi, Linné, Gouan, Bloch, Buffon, Lacépède, qui essayèrent de débrouiller la question baleinière. Mais les notions qu'ils donnèrent pullulaient d'erreurs que dissipa le célèbre Scoresby après quelques années d'observations. G. Cuvier put alors rassembler des renseignements authentiques et décrire les principaux caractères qui distinguent le groupe des cétacés.

» Et encore avouait-il que son travail était bien incomplet et bien imparfait.

» Quoi qu'il en soit, aujourd'hui on sait que la baleine n'est pas un poisson, mais un mammifère vivipare, allaitant son petit, respirant comme nous par des poumons et non par des branchies, ce qui l'oblige de monter à la surface de la mer pour renouveler sa provision d'air.

» Sir Harryson compara notre bateau sous-marin à une baleine, le contraste était frappant.

» Son corps « *n'ha ny poil, ny escailles, mais est couvert d'un cuir uny, noir, dur et espez, soubz lequel il y a du lard environ l'espesseur d'ung grand pied.* »

» Cette primitive description de Belon est assez juste, seulement elle oublie d'ajouter que la baleine n'a que deux nageoires antérieures, que sa queue est horizontale comme celle des oiseaux, et que sa bouche, complétement démunie de dents, est garnie de *fanons* implantés dans la mâchoire supérieure, sortes de lamelles cornées de texture fibreuse, à bords effilés, serrées les unes contre les autres.

» Voilà pour le physique; maintenant passons au moral.

» Malgré sa force prodigieuse, la baleine est un animal craintif qui fait rarement face à ses ennemis, bêtes ou hommes. Attaquée, elle cherche son salut dans la fuite et ne se défend courageusement que lorsqu'on la prive de sa progéniture ou lorsqu'elle est surrexcitée par ses blessures.

» Au printemps, les baleines se rassemblent en assez grand nombre et prennent leurs ébats pendant plusieurs jours. Quand une intimité assez vive s'est établie entre un mâle et une femelle, ce couple s'isole de la bande. Mais le mâle n'est monogame que peu de temps. La gestation de la femelle est de dix mois selon les uns, et de plus d'un an selon les autres.

» Cette nouvelle *Gargamelle* met au monde un gigantesque nourrisson long de six à neuf mètres, qu'elle allaite et surveille avec sollicitude

» Toussenel s'est basé sur cet amour maternel si puissant pour établir une distinction frappante entre les poissons et les *souffleurs.*

» — Il suffit, en effet, d'écrire que les cétacés allaitent leurs petits pour creuser d'un seul trait de plume un abîme entre les deux ordres, attendu qu'il n'y a réellement pas de comparaison à établir entre la baleine, qui chérit son nourrisson de toutes les puissances de son être, le porte sous son aisselle pour le préserver de la fatigue, l'entoure d'affection et de soins, le défend avec rage, — et la carpe stupide qui pond n'importe où, sans savoir, ou le brochet sans entrailles qui pousse l'indifférence pour sa progéniture jusqu'à la dévorer. La tendresse maternelle est un sentiment sublime qui confère immédiatement aux espèces un titre supérieur, comme l'or, le reflet et l'éclat aux métaux ternes et impurs auxquels on l'a uni. J'ai le droit de m'étonner qu'un génie poétique et lumineux comme celui de M. de Buffon n'ait pas été frappé par la puissance de cette considération.

» M. de Buffon écrivait avec des manchettes de dentelles, tandis que Scoresby et plusieurs autres naturalistes se dérangeaient, voyageaient pour examiner consciencieusement les animaux qu'ils n'avaient pas sous la main. On ne décrit bien du reste que ce que l'on voit bien. M. de la Blanchère, qui connaît si bien les poissons, passe pour un forcené pêcheur à la ligne !

» Les sens de la baleine paraissent peu développés. Les yeux grands comme ceux du bœuf sont mal placés et munis de paupières garnies de cils. L'ouïe n'est pas si obtuse qu'on le croyait. Le docteur Thiercelin s'est assuré que l'organe auditif percevait facilement les bruits produits dans l'eau. L'odorat semble être assez développé, et le toucher n'a quelque délicatesse, dit-on, que sous les ailerons. Cependant, si une embarcation effleure la peau d'un cachalot ou d'une baleine, l'animal frémit, se recule, sonde ou change immédiatement de direction.

» Quant au sens du goût, il doit être presque nul.

» Chez les baleines, l'ouverture de l'œsophage est excessivement étroite, aussi ces géants, sont-ils obligés de chercher leur proie dans les moindres espèces du règne animal. Ils se nourrissent de petits poissons, de zoophytes, de crustacés, de mollusques et en absorbent d'immenses quantités. Quand ils veulent manger, ils ouvrent la bouche, une bouche de six à sept mètres carrés, étalent la langue sur le plancher intramaxillaire inférieur, et avancent lentement au milieu des infiniment petits qu'ils convoitent et qui s'engouffrent dans l'immense cavité. Aussitôt la baleine relève ses lippes, gonfle sa langue, rejette l'eau qui s'échappe en tamisant à travers les fanons. Les zoophytes, roulés immédiatement en pelotes de la grosseur du poing, sont portés dans le pharynx où ils subissent une pression, et de là dans l'œsophage, puis dans l'estomac.

» On voit donc que l'eau n'est pas rejetée par les évents, sortes de trous, ou plutôt véritables narines qui servent à introduire l'air dans les poumons du cétacé. Celles-ci sont situées à l'extrémité supérieure de la tête; pendant l'expiration, elles lancent à plusieurs mètres de hauteur deux colonnes de vapeurs mêlées d'air chaud et d'une légère quantité d'eau pulvérisée.

» Pour respirer, la baleine reste de huit à dix minutes à la surface de l'eau ; c'est le moment que choisissent les harponneurs pour la blesser ; puis elle disparaît à une profondeur évaluée entre deux ou trois cents mètres.

» Après un séjour de vingt et même trente minutes, quarante minutes encore dans son milieu ambiant, elle remonte et commence à produire ses sept à huit souffles avec la même régularité et la même périodicité que précédemment.

» Le genre des baleines se divise en trois groupes principaux, savoir :

» 1° *Les baleines proprement dites*, caractérisées par l'absence de nageoires sur le dos ;

2° *Les baleinoptères à ventre lisse* ayant une nageoire dorsale ;

5° *Les baleinoptères à ventre plissé*, munis comme les précédents d'une nageoire dorsale.

» Le spécimen qui venait de passer sous nos yeux appartenait à la première catégorie. Nous regrettâmes vivement de ne l'avoir pu considérer à notre aise.

» Cependant un spectacle des plus attrayants nous dédommagea amplement de la courte durée du premier. C'était pourtant une scène de carnage, presque indicible, parmi la gent poissonnière.

» Notre chef mécanicien (puisqu'il fut convenu de se servir de ce terme à l'égard de sir Waterpoof), notre mécani-

cien, dis-je, allait éteindre la lumière électrique qui n'é-
clairait plus qu'un tableau sablonneux, lorsque nous vîmes
apparaître une tête hideuse à voir qui se colla contre la
glace.

» Cette tête était oblongue et large d'un pied environ. Des
yeux d'un rouge vif ressortaient sur une peau grisâtre tâche-
tée de jaune et de noir.

» — Une tête de serpent! s'écria le commandant (sir
Harryson), un serpent! et il recula épouvanté.

» La bête hideuse nous fixait toujours ; mais nous ne pouvions évaluer sa longueur et le diamètre de son corps.

» — Il ne bouge pas, le monstre, murmura le mécanicien, on dirait qu'il essaye de nous fasciner pour nous engloutir.

» A peine ces paroles étaient-elles terminées que le serpent de mer (car c'en était un assurément) se retira brus-
quement. Nous pûmes alors voir l'étendue de ses anneaux.
Suivant l'appréciation de l'ingénieur Waterpoof, ce monstre
marin n'avait pas moins de trente-six pieds de longueur, et
le diamètre de son corps pouvait bien atteindre trente centimètres au moins.

» Son mouvement brusque avait été motivé par une cause
qui l'intéressait. Une malheureuse petite dorade n'avait-elle
pas eu le malheur de venir montrer sa riche écaille !

» Ce fut son malheur. Mais la lumière a un si grand attrait
pour les habitants des plaines humides!...

» Le serpent gigantesque se retourna vivement pour saisir la proie innocente qui se présentait à lui ; ses longs an-

neaux ondulèrent, puis il s'allongea ouvrant une gueule flamboyante, où la petite dorade s'engloutit malgré elle.

» Tout à coup le monstre recula resserrant ses anneaux; il se mettait sur la défensive.

» Nous aperçûmes aussitôt un requin qui s'avançait vers le cruel. Ce squale nageait le plus rapidement possible et lorsqu'il se vit en face de son ennemi, d'un coup de queue, le ventre en l'air, il fondit dessus.

» Le serpent reçut le choc; mais il ne fut pas atteint. A son tour il prit l'offensive et avec bonheur.

» Prenant un élan bien calculé, il s'élança sur le requin qui se trouva enlacé dans les terribles anneaux de son ennemi acharné. Ce dernier profitait de sa position de vainqueur pour darder le squale de son aiguillon empoisonné.

» Mais, on le sait, la peau du requin offre une solide résistance aux coups, aussi la prise du serpent fut-elle sans effet.

» Le requin fit le même mouvement que la première fois, mais enlacé par son vainqueur. Dans cette évolution rapide, nous pûmes distinguer les quatre rangées de dents qui ornent la mâchoire terrible de ce squale.

» Il venait de saisir la tête de son adversaire, la victoire était à lui. Et en moins de temps qu'il ne faut pour le dire, il avait lacéré le corps de son ennemi mortel.

» — Voici qui est beau, murmura l'ingénieur! C'est un spectacle dont bien des personnes auraient voulu être témoins !

» — Si vous le voulez bien, mes amis, nous allons

baisser la toile et nous diriger vers la salle à manger. La motion fut accueillie sans réplique.

» Le repas fut préparé en un instant, à l'aide du feu électrique dirigé sur une large éponge de platine.

» Sir Waterpoof nous servit une raie au beurre noir dont sir Harryson promit de se souvenir toute sa vie.....

» — Jamais je n'ai mangé avec autant d'appétit, s'écria-t-il.

» Ne sachant trop où nous nous étions dirigés depuis que le *Navigator* avait stoppé pour voir le passage de la baleine, et l'heure étant trop avancée, il fut décidé qu'on irait un tant soit peu à l'aventure jusqu'au lendemain. Sur ce, chacun de nous gagna sa couchette, où un sommeil calme et réparateur donna de nouvelles forces pour explorer le monde sous-marin ignoré de la plupart des hommes. »

CHAPITRE XVI.

—

LES PHÉNOMÈNES SOUS-MARINS.

« La surface de la terre se modifie sans cesse, quoique, en général, d'une manière lente, insensible. Ici le sol s'élève, là il s'abaisse ; une montagne s'écroule, une île surgit au sein des flots ; et tandis que sur un point la mer prend peu à peu possession d'une partie du continent, sur un autre point, c'est le continent qui empiète sur le domaine des eaux. Cette action incessante, qui continue l'œuvre de la création, n'est pas seulement géologique ; des milieux nouveaux donnent naissance à des espèces végétales et animales inconnues avant le développement de ces milieux.

» Quant aux transformations géologiques normales elles nous échapperaient sans doute, à cause des limites bornées de nos facultés perceptives, si les générations antérieures n'avaient insciemment placé les jalons qui nous servent de point de repère. La nature agit comme si l'homme lui était indifférent, et si celui-ci veut être au courant du progrès de cette action, il est nécessaire qu'il agisse lui-même, qu'il étudie, qu'il observe.

» Les côtes de Suède sont hérissées aujourd'hui de rochers que l'on savait avoir été, à une certaine époque, recouverts par les flots; grâce à quel phénomène avaient-ils émergé de l'Océan? Etait-ce à la suite d'un bouleversement subit?

» Les membres de l'Académie d'Upsal étaient en désaccord sur ce point, faute de témoignages authentiques; mais ils eurent le bon esprit de suppléer aux témoignages qui manquaient et sur l'authenticité desquels une nouvelle discussion eût pu s'ouvrir. Ils pratiquèrent des entailles sur les flancs de ces rochers au niveau de l'eau, et purent constater après quelques années d'attente, que ces entailles se trouvaient à plus d'un pouce au-dessus de la surface de l'Océan.

» Au reste, la découverte aux environs de Stockholm de nombreux fossiles marins et de débris de vaisseaux fabriqués avant que l'usage du fer fut répandu dans ce pays, indique clairement que l'Océan recouvrait jadis cette terre aujourd'hui, et depuis si longtemps habitée.

» Les géologues américains ont constaté que les côtes du

Pacifique, et particulièrement la Californie avec ses hautes
montagnes, s'élèvent constamment ainsi que celles du
Texas, et avec une rapidité relativement considérable, tandis que le New-Jersey, la ville de New-York et tout Long-
Island s'affaissent d'une manière continue dans la proportion
d'environ 16 pouces par siècle. On sait enfin que les trois
colonnes de marbre demeurées debout, du temple de Séra-
pis élevé sur la côte de Naples, à Pouzzoles, portent les
traces des lithophages qui ont creusé leur base à une hauteur d'environ trois mètres, ce qui prouve qu'à une époque
relativement peu éloignée, la Méditerranée les baignait
jusqu'à cette hauteur. C'est-à-dire que le sol sous-marin,
après s'être d'abord affaissé, s'éleva nécessairement de
nouveau.

» Il est une autre cause que l'exhaussement subit ou
graduel du sol à l'empiétement de la terre sur le domaine
de l'Océan : je veux parler des dépôts d'alluvions roulés par
les marées ou charriés par les fleuves et qui peu à peu
finissent par combler des profondeurs énormes sur une étendue considérable.

» C'est ainsi que les anciens Egyptiens pouvaient, sans
métaphore, considérer leur pays comme un présent du Nil.
Le sol de la Hollande est également dû en grande partie
aux dépôts des alluvions du Rhin, de la Meuse et de
l'Escaut.

» On estime que le Gange déverse dans le golfe du Ben-
gale 200 millions de mètres-cubes de terre par an. Le Pô

n'en dépose pas moins de 42,760,000 mètres-cubes chaque
année dans le golfe de Venise ; et ce sont également des
dépôts alluvionnaires qui ont séparé des côtes, Ravenne qui
s'élevait jadis au milieu des lagunes, comme une autre
Venise, en comblant le port creusé par Auguste à l'embouchure de la Candiane. Ravenne est aujourd'hui séparée de
la mer par une distance de près de dix kilomètres. Le limon
déposé par le Tibre avance la côte méditerranéenne, à son
embouchure, de plus de deux mètres par an. Enfin, on
sait que les atterrissements menacent d'obstruer le Pas-de-
Calais, dans un temps plus ou moins éloigné.

» Par contre, il est hors de doute, par exemple, qu'à
une époque qu'on ne saurait préciser, attendu qu'elle semble antérieure à l'apparition de l'homme, la France et l'Angleterre n'étaient point séparées comme elles le sont ajour-
d'hui par un bras de mer, mais que cette dernière fît partie
du continent jusqu'au jour où l'Atlantique fut pris de la
fantaisie de fraterniser avec la mer du Nord. Il est bien plus
certain encore que les côtes de Bretagne et celle du Cotentin
s'étendaient beaucoup plus avant, les premières au Nord,
les secondes à l'Ouest et que la baie du mont Saint-Michel,
les Minquiers, Chausey et probablement Jersey, réunis au
continent, étaient bien longtemps après la conquête romaine,
une étendue de terre couverte de forêts.

» C'est en 709, pendant que les moines, possesseurs du
monastère récemment fondé, étaient allés chercher des reli-
ques au mont Gargan, que la mer envahit la forêt et sépara

le mont Saint-Michel du continent : tous les manuscrits de cette abbaye l'attestent.

» On sait du reste que sur divers points de ces côtes, on peut distinguer au fond des eaux, à marée très basse, d'immenses forêts englouties ; et j'ajouterai qu'on a maintes fois retiré du milieu de ces forêts sous-marines, ou plutôt submergées des ossements ou autres débris d'animaux semblables à ceux de notre faune forestière actuelle.

» Ici il ne s'agit plus d'une action lente et continue, mais d'une soudaine invasion des eaux se précipitant, sous l'impulsion d'une force irrésistible, engloutissant des contrées entières sans s'inquiéter des fortunes, des gloires, des existences qui les remplissent, agissant absolument comme si l'homme n'était rien moins que le roi de la création.

» Mais ces terribles violences de l'Océan dont l'homme a été bien des fois victime depuis le premier déluge, ont eu pour conséquence de faire rechercher à celui-ci les moyens de s'y opposer ; et ses efforts ont été, partout où ils se sont produits, couronnés de succès. Il ne se borna pas à élever des phares pour guider les navigateurs, à creuser des ports pour leur servir de refuge contre la tourmente : il dressa des digues pour s'opposer à l'invasion des eaux et les contenir dans leur domaine naturel.

» La Hollande qui doit, comme je l'ai déjà dit, une partie de son territoire à ses propres conquêtes, est le théâtre privilégié de cette lutte gigantesque de l'homme avec l'Océan.

Bien des fois celui-ci triompha cruellement ; il occupe encore de vastes étendues de territoire longtemps soustraites à sa domination ; mais le génie de l'homme aidé de la patience et du savoir devient vainqueur.

» Les provinces de Zélande, de Hollande, de Frise, de Groningue ont leurs rivages hérissés de digues gigantesques retenant les eaux jusqu'à 5 mètres au-dessus du niveau du sol ; les plus extraordinaires de ces travaux sont ceux de la digue de West-Kappelle, à la pointe ouest de Walcheren, qui ne mesure pas moins de 4,700 mètres de largeur.

» Aussi loin que nous remontions le cours de l'histoire, nous voyons la Hollande défendue contre les incursions désastreuses de la mer par des digues ; mais nous sommes obligés de nous arrêter çà et là pour constater la preuve douloureuse de l'insuffisance de ces remparts.

» Au mois de novembre 839 les digues frisones étaient rompues par la mer furieuse qui noyait presque toute la province, renversant 2,457 maisons ; en 1277, un événement semblable produisait le Dollart, aux dépens de trente-deux villages et de leurs malheureux habitants. Une inondation qui couvrit d'eau une étendue de 600 kilomètres carrés, fit en 1284, du lac Flevo, le Zuyderzée d'aujourd'hui, mesurant 220 kilomètres de longueur sur 75 kilomètres de largeur ; en 1421 la mer engloutissait soixante-douze villes ou villages, noyant plus de 100,000 personnes, pour former le Biesbock, longtemps désigné par le nom de *Verdrun-kerland* (pays noyé).

» Enfin en 1531, une nouvelle irruption des eaux fondait la mer de Haarlem, à des conditions relativement aussi terribles.

» L'Océan dans sa lutte avec l'homme, trouve un auxiliaire puissant, quoique infime, dans le *taret* dont je ne m'arrêterai pas à décrire les dévastations, causes du renversement des digues bien longtemps sans doute avant qu'on pût s'en méfier.

» Je me bornerai à dire qu'après des expériences ou infructueuses ou coûteuses à l'excès, on est, semble-t-il, parvenu à tenir autant que possible le taret éloigné des constructions en bois submergé, en les imprégnant de matières chimiques dont toutes ne sont pas également efficaces et dont aucune ne remplit le but qu'à la condition d'un entretien constant et fort dispendieux.

» Je n'oublierai point cependant de prendre acte de tous les efforts de l'homme vaincu dans sa lutte avec l'Océan, pour prendre une revanche véritablement digne de lui.

» Nous venons de le voir cherchant à écarter un ennemi en apparence méprisable, mais terrible en réalité : le taret; nous l'avons vu élevant ou consolidant ses remparts; il fait plus que de s'opposer aux invasions de la mer, il la repousse à proprement parler, la chasse des points dont elle s'est emparée par surprise.

» C'est ainsi que depuis 1855 la mer de Haarlem n'existe plus et que le sol qu'elle recouvrait a été rendu à l'agricultuce; c'est ainsi que le Zuyderzée disparaîtra également avant qu'il soit longtemps pour faire place à de riants villages entourés de champs fertiles. Le projet de dessèchement du Zuyderzée est en effet actuellement à l'étude.

» On n'élève point des digues uniquement contre les invasions de la mer; les eaux de certains fleuves débordent quelques fois avec une violence telle, que leurs dévastations ne sont guère moins terribles que celles de l'Océan; il était donc nécessaire de prendre contre elles les mêmes précautions.

» Sous Charlemagne, les seigneurs riverains de la Loire commencèrent à faire construire des digues particulières pour protéger leurs domaines : telle est l'origine de *la levée de la Loire*, le plus important ouvrage de ce genre en France. Des digues maintiennent également, sur certains points, les eaux du Nil, dont les inondations fertilisent les terres, cela est vrai, mais ne laissent pas que d'engloutir des villes entières à l'occasion. Il y a quelques années, on se le rappelle, pareil fait se produisit : la digue de Comsa ne put résister aux efforts des flots, elle se rompit, engloutit la ville de Tantah, qui comptait 40,000 habitants, et les villages qui l'avoisinaient, noyant 70,000 personnes !

» Le fond des mers est, lui aussi soulevé par l'action volcanique, et de toute la série des phénomènes dont l'univers est le théâtre, celui-ci est à coup sûr un des plus extraordinaires, des plus effrayants, comme des plus étranges dans ses effets, qu'il soit donné à l'homme de contempler. L'accumulation de pierres, de scories de toute sorte, reliées par un ciment de lave qui en résulte, constitue souvent des îles, dont l'étendue, la forme et le caractère dépendent forcément et de la nature et de la quantité des masses soulevées, mais qui atteignent parfois des dimensions considérables.

» En général, ces îles qui surgissent tout à coup du sein des eaux, avec l'accompagnement obligé de tous les terribles symptômes de l'éruption volcanique, disparaissent comme elles sont venues, emportées par les flots; quelquefois sans laisser de traces, le plus souvent marquant leur passage par un écueil gigantesque. Mais il en est de très nombreuses que rien n'a pu ébranler, et qui se dressent encore au milieu des flots qui furent leur berceau; les unes avec leur cratère toujours béant vomissent des flammes et de la fumée; les autres immobiles et froides, quoique leur centre porte encore la trace du cratère, maintenant éteint, d'où elles sont sorties.

» Dans l'Océan Atlantique on ne compte pas moins de cinq grands centres d'action volcanique, qu'on croyait reliés ensemble et n'en formant qu'un seul; ce sont : l'Islande, les Açores, les Canaries, les îles du Cap-Vert et celles des Indes occidentales, sans parler de quelques points secondaires, tels que l'Ascension, Sainte-Hélène, Saint-Paul, etc. On y rencontre d'ailleurs à chaque pas, des traces de volcans éteints.

» La Méditerranée est littéralement couverte d'îles d'ori-

gine volcanique, dont quelques-unes continuent à vomir
des laves en fusion depuis un temps immémorial.

» De nombreux soulèvements volcaniques se sont d'ailleurs produits, dans ces mêmes régions à des époques beaucoup plus rapprochées de nous et sur lesquels les renseignements abondent.

» En 1831, notamment, une île fut émergée par un
phénomène de ce genre entre le port de Sciacca en Sicile et
l'île volcanique de Pantellaria.

« Je dirai d'abord que plusieurs années avant l'événement, un officier de mes amis, de la marine anglaise, le
capitaine Smith, avait opéré, par ordre du gouvernement,
des sondages au lieu même où il devait se produire, et il
avait trouvé le fond en cet endroit par cinq cents pieds d'eau.
Environ quinze jours avant l'éruption, sir Pulteney Malcom,
en passant avec son bâtiment sur le même lieu, avait res-
senti une secousse de tremblement de terre qui lui avait
produit le même effet que s'il eut donné sur un banc de
sable ; des secousses semblables, à ce qu'on apprit plus
tard, avaient été également ressenties sur les côtes ouest de
la Sicile, dans une direction du Sud-Ouest au Nord-
Ouest.

» Le capitaine d'un bâtiment sicilien rapporta que
le 10 juillet, comme il passait près de cet endroit, une
colonne d'eau semblable à une trombe marine, ayant
soixante pieds de hauteur et près de huit cents mètres de
circonférence, s'éleva tout à coup de l'Océan ; elle fut bien-

tôt remplacée par un jet de vapeur qui s'éleva à dix-huit
cents pieds !...

» Le même navire à son retour, vingt jours après, trouva
au même endroit une petite île de douze pieds d'élévation
avec un cratère à son centre rejetant des matières volcaniques et d'immenses colonnes de fumée. La mer à l'en-
tour était couverte de cendres flottantes et de poissons
morts.

» L'éruption continua avec une grande violence jusqu'à
la fin du même mois. Vers cette époque l'île s'éleva
de 12 pieds à 90 pieds ; elle mesurait alors trois quarts de
mille de tour.

» Le 4 août suivant, elle atteignait deux cents pieds de
hauteur et trois milles de circonférence. Après cela, elle
commença à diminuer graduellement d'étendue. Vers la fin
d'octobre elle était à peu près nivelée à la surface de la
mer, d'où elle disparaissait complètement en décembre
suivant.

» L'esprit reste confondu en présence de phénomènes de
cette nature effrayante, surtout quand on songe à la force
de projection développée pour soulever une pareille masse
à travers cinq cents pieds d'eau, d'abord, et de plus à deux
cents pieds au-dessus du niveau de la mer !...

» Toute trace de ce bouleversement n'a pas disparu ; des
bas-fonds existent encore, formés par un soulèvement du
fond marin, d'au moins quatre cents pieds, qui fut jadis la

base de l'île, — de l'île *Graham*, ainsi qu'un navigateur anglais trop pressé l'avait déjà baptisée.

» A peu de distance du lieu de cette scène, dans le groupe des Cyclades, une autre du même genre se produisit, à une époque plus rapprochée de nous, qui ne le cède en rien à celle que nous venons de rapporter, ni en magnificence, ni en détails terrifiants et qui, de plus que l'autre, a laissé des traces toujours visibles de son passage. Je veux parler de l'émersion de l'île Georges dans la baie de Santorin, en février 1866.

» Dès le 28 janvier, de légères secousses de tremblement de terre se firent sentir à Santorin. Ces secousses se renouvelèrent le lendemain, s'étendant à l'île voisine de Nea-Kaïmeni. Le 30, la mer, autour de cette dernière, prit une teinte laiteuse et se mit à bouillonner en dégageant des vapeurs sulfureuses, auxquelles succédèrent, dans la nuit du 30 au 31, des flammes rouges, hautes de trois à quatre mètres. Puis, Nea-Kaïmeni s'affaissa sensiblement, entr'ouvrant de larges crevasses d'où s'échappaient des vapeurs méphitiques, tandis qu'un effroyable grondement souterrain ne cessait de se faire entendre.

» Le 2 février, dès le matin, les officiers d'un bâtiment grec, en observation, constatèrent un exhaussement considérable du fond de la mer sur les points d'où les flammes s'étaient élevées. Dès le soir même, il y avait là un îlot de cinquante mètres de long sur douze de large. On baptisa cette île du nom de l'*Ile du roi Georges*.

» Quelques jours plus tard, elle s'était reliée à Nea-Kaïmeni, formant un promontoire étendu de cette île, et comblant par cela même le port de Vulcano, village de plaisance dont elle écrasait une quarantaine d'habitations, plus riches et plus élégantes les unes que les autres, appartenant aux principaux négociants de Santorin.

» L'éruption ne se contenta pas de faire émerger l'île du roi Georges; plusieurs autres îlots, mais de beaucoup moindre importance, surgirent çà et là à peu de distance les uns des autres soulevés par le même foyer volcanique.

» Les mêmes phénomènes concomitants, remarqués dans l'éruption de Sciacca se produisirent en cette occasion. Les flots bouillonnaient autour des îlots volcaniques, soulevés par d'énormes bulles de gaz qui s'enflammaient au contact des matières ignées projetées en abondance, ainsi que des masses considérables de pierres dont une défonça le toit de l'église grecque de Nea-Kaïmeni, et d'autres allèrent tomber jusqu'à Santorin. Enfin des milliers de poissons morts flottaient sur l'eau bouillante. Ajoutons à cela des détonations fréquentes qui ébranlaient l'atmosphère comme s'il se fût agi de l'explosion répétée d'un grand nombre de mines, et l'on aura une idée de la splendeur terrifiante de ce spectacle phénoménal.

» En novembre, une éruption volcanique sous-marine eut lieu dans l'archipel des Navigateurs, situé à deux milles environ à l'est de l'Australie, dans l'Océan Pacifique. Comme à Santorin et à Sciacca, elle s'annonça par des secousses de tremblement de terre; lorsque ces secousses eurent atteint une violence inquiétante, la mer commença à devenir agitée, formant de vastes cercles bouillonnants où des poissons morts flottaient en quantité; puis elle se souleva en colonnes monstrueuses.

» Quand le phénomène fut à son apogée, des colonnes de matières volcaniques et d'énormes blocs de pierres furent projetés jusqu'à deux mille pieds au-dessus des flots, se heurtant dans l'air avec un fracas épouvantable.

» Cette éruption ne paraît avoir donné naissance à aucune île nouvelle; ce qui ne veut pas dire que ce bouleversement du fond marin soit resté sans laisser de traces appréciables.

» L'Océan Atlantique fut évidemment, lui aussi, le théâtre de phénomènes volcaniques tout aussi imposants. Des navigateurs ont maintes fois rapporté avoir été témoins, en divers points de cet océan de manifestations du même ordre; mais il nous était donné à nous passagers du *Navigator*, d'être témoins un jour d'un phénomène de ce genre beaucoup plus remarquable en ce sens que nous pûmes l'observer d'une manière complète.

» Nous ne vîmes pas seulement ce qui se passait à la surface; mais encore nous examinâmes le phénomène jusque dans son origine.

CHAPITRE XVII.

—

LE ROCHER HARRYSON. — L'HISTOIRE DES PLONGEURS.

» Le soleil était levé depuis longtemps lorsque le *Navigator* émergea au-dessus des flots de l'Atlantique.

» La mer était tant soit peu houleuse, car la brise fraîchissait.

» Sir Harryson, ou pour mieux dire, le commandant se hâta de monter sur la plate-forme. Il lui tardait de savoir s'il était en vue de terre. Mais rien ne se montrait à l'horizon, pas le moindre rocher, pas un navire.

» — C'est désolant! s'écriait-il dans son désespoir, c'est désolant! nous voguons à l'aventure, et nous n'avons pas le moindre point de repère pour connaître notre route!

» — Pas de chagrin, commandant, reprit l'ingénieur. Le *Navigator* est bon marcheur, et il est bien dirigé. Avant midi nous saurons vous dire sa position et sa direction.

» — Tant mieux, répliqua sir Harryson; aurons-nous fait au moins le tiers de la route?

» — Je le pense.

» — Tant mieux encore.

» — Cependant nous n'avons pas le droit d'être trop exigeants. Que diantre! voici trois jours à peine que nous naviguons, et nous avons certainement fait près de deux mille lieues!...

» — Oh! alors..... je ne dis plus rien.....

» — On pourrait vous satisfaire, commandant..... Si vous désirez marcher plus vite, je ferai faire cent cinquante tours par seconde à l'hélice; mais... à vos risques et périls!... dam...

» — Non, je n'y tiens pas essentiellement. Je préfère marcher un peu moins et ne pas risquer de plonger pour toujours..... *Piano... Piano... Piano...* maître mécanicien! Vous connaissez la langue italienne?

» — Un peu.

» — Vous m'avez compris?

» — Parfaitement.

» — Alors nous attendrons que le capitaine ait fait le point pour nous remettre en marche?

» — Parfaitement encore... comme il vous plaira, commandant.

» — Commandant... vous me donnez ce titre, le mé-rité-je?

» — Le navire est à vous, c'est votre propriété, sir Harryson ; je le répète, vous êtes le commandant du *Navigator.*

» J'étais dans la bibliothèque pendant que le colloque précédent avait lieu. Connaissant l'humeur impatiente du commandant, je me hâtai de consulter la carte, et rassemblant mes idées, je fis un calcul mental qui justifia l'expérience. J'augurai que nous ne devions pas être éloignés des îles Canaries.

» Je rejoignis mes compagnons.

» — Je vous ai entendu, dis-je..... vos appréhensions sont très mal fondées, sir Harryson.

» — Pourquoi, capitaine, balbutia le négociant embarrassé, qui ne savait ni si j'étais fâché, ni si je prenais la chose en plaisanterie.

» — Parce que je puis vous assurer, continuai-je, que nous sommes en face des îles Canaries...

» — Est-ce possible?...

» — L'avenir vous l'apprendra.

» — Fort bien. Si notre chef de gamelle le veut bien, nous ferons honneur à sa table.

» — Laissez-moi visiter mes filets, répliqua le chef timonier, et vous serez servis à l'instant même.

» Un quart d'heure après nous étions à table devant un superbe maquereau rôti sur le gril.

» Nous nous délectâmes d'un manger si friand.

» On dit que les Anglais sont gourmets, et ce n'est pas sans raison.

» Au maquereau succéda une magnifique anguille de mer accommodée à la matelotte.

» — Je ne vous croyais point si parfait cuisinier, murmura sir Harryson qui avalait sa dernière bouchée... ma foi... je vous fais mes très sincères compliments.

» Au moment où notre interlocuteur achevait ces paroles, nous sentîmes une violente secousse qui faillit nous renverser sur le plancher.

» — Nous avons touché! m'écriai-je, et saisissant aussitôt une sonde et une longue-vue, je me hâtai de monter sur la plate-forme.

» J'interrogeai d'abord l'horizon du regard. La mer semblait bouillonner autour de notre embarcation.

» — Il se passe quelque événement, pensai-je en moi-même.

» Je sondai tout autour du *Navigator*, aucun indice ne me prouvait que nous eussions touché.

» Tout à coup une détonation formidable, — semblable à celle causée par un feu de couronne, — se fit entendre.

» J'appelai en toute hâte. Nous étions en présence d'un de ces phénomènes en tout semblables à ceux dont j'ai parlé plus haut.

» Je braquai ma longue-vue autour de moi et j'aperçus un phénomène étrange.

» L'ingénieur et sir Harryson me rejoignirent aussitôt.

» — Qu'est-ce donc? dirent-ils simultanément.

» Je me contentai de leur indiquer l'horizon.

» On apercevait une immense colonne d'eau qui s'élevait vers le ciel, mêlée de vapeurs sulfureuses. On eût dit que l'Océan entier tentait d'élever son niveau.

» Notre embarcation sous-marine à ce moment-là à la dérive suivait le mouvement des flots qui semblaient être attirés vers le point fulgurant.

» — C'est une éruption volcanique sous-marine? me dit l'ingénieur après avoir observé attentivement.

» Le *Navigator* est attiré de ce côté, continua-t-il brièvement. Je vais le mettre en marche et lui donner une direction toute opposée.

» — Non point, me hâté-je de répondre, louvoyons, nous tenant seulement à distance afin de contempler ce spectacle, l'unique que j'aie jamais vu.

» Un énorme jet de vapeur remplaça bientôt l'immense jet d'eau, puis enfin des flammes rougeâtres apparurent suivies d'un exhaussement que je ne pouvais définir.

» Notre navire se mit en marche, se tenant à une distance respectueuse ; car le volcan sous-marin commençait à vomir de la lave et d'énormes blocs de pierre.

» Des projectiles de ce genre vinrent tomber à cent mètres de nous environ, quoique nous fussions éloignés de quatre milles au moins du théâtre de l'éruption.

» Sir Harryson ne cessait de s'extasier sur la beauté et la magnificence terrifiante de ce spectacle.

» — Voici un tableau comme je n'en avais jamais vu,

disait-il, et je suis fort heureux d'être ici pour le contempler, Pourvu toutefois que nous soyons en pleine sécurité.

» — N'en doutez pas un seul instant, répliquai-je.

» La mer commença bientôt à prendre une teinte laiteuse qui trancha subitement avec le bleu indigo qui nous entourait.

» C'étaient les émanations sulfureuses du volcan qui en étaient cause. Puis nous rencontrâmes une foule de poissons morts qui flottaient à la surface de l'onde.

» — Cette couleur ne me plaît pas, observa notre commandant.

» — Assurément l'azur est plus agréable à la vue.

» — Sans doute.

» — Il me tarde que le volcan sous-marin ait achevé son œuvre, continua l'ingénieur.

» — Pourquoi donc? répondis-je.

» — Nous pourrions l'examiner de plus près...

» — Voudriez-vous par exemple en approcher? objecta sir Harryson.

» — Telle serait mon intention, commandant.

» — Eh bien le commandant ne le veut pas.

» — A mon tour, je demanderai ie pourquoi de cette détermination au commandant.

» — Pourquoi?... Pourquoi?... Peut-on faire une question semblable !...

» Pourquoi je ne veux pas m'approcher d'un volcan sous-marin! si cela se demande!

» — C'est dans l'ordre des choses possibles?

» — Ah? c'est dans l'ordre des choses possibles? Eh bien, le commandant ne s'approchera pas du volcan parce qu'il n'est pas disposé à sauter à soixante-dix pieds en l'air et ne plus se relever.

» — Cependant.....

» — Il n'y a pas de cependant. Je ne veux pas exposer ma vie.

» — Soit, je le veux bien que vous n'exposiez pas votre vie ; mais nous, ne sommes-nous pas dans la même position ?

» — Vous? mais vous êtes habitués, tandis que moi, c'est autre chose.

» Ayant ainsi parlé, sir Harryson nous tourna le dos et disparut par le panneau.

» — Quel singulier homme! soupira l'ingénieur en joignant les mains.

» — C'est une petite boutade, murmurai-je ; c'est l'affaire d'un instant.

» — Peuh!...

» — Oui bien. Vous verrez que notre homme sera mieux disposé lorsque la nature sera rentrée dans son calme ordinaire.

» — C'est possible. Mais dans tous les cas, si vous êtes de mon avis, nous visiterons le phénomène dans son entière majesté. A nous deux nous verrons de plus près.

» — J'accepte votre proposition, sir Waterpoof. Seulement je crains que nous ne nous éloignions trop du théâtre.

» — Non point, laissez-moi agir, nous ne perdrons pas un pouce du tableau.

» — Le commandant voudra savoir où est notre navigation...

» — Nous allons louvoyer autour du volcan jusqu'à ce qu'il soit éteint, et puis...

» — Mais si l'éruption dure longtemps encore, jusqu'à demain?...

» — Ceci m'est indifférent, nous côtoierons quand même prétextant un motif quelconque à sir Harryson.

» — Entendu.

» Une secousse se fit sentir aussitôt, accompagnée d'une sourde détonation.

» — Ce sont les adieux du volcan, observa l'ingénieur, avant une heure ses feux seront éteints. Ce sera une affaire terminée.

» La prévision de mon compagnon de voyage se trouva accomplie. Car aussitôt après nous n'aperçûmes plus qu'une fumée noirâtre suivie de quelques faibles éruptions. En moins de deux heures le phénomène avait vécu.

» — C'est le moment, sir Boscow, me dit l'ingénieur, descendons. Je vais remplir les réservoirs dans un instant.

» — Il serait plus prudent d'attendre encore.

» — Je le veux bien.

» — Il faut agir sans donner l'éveil au général...

» — Vous voulez dire au commandant.

» — Oui, c'est bien cela, au commandant.

» — Pour nous distraire, entrons dans la bibliothèque et laissons bouder *monsieur*.

» Cette dernière proposition me plût d'autant plus que j'avais commencé une lecture fort intéressante sur les plongeurs.

» — De quelle façon voulez-vous opérer l'examen du..... du..... du..... comment dirai-je? du rocher.....

» — Du *rocher Harryson?*

» — Parfaitement; *du rocher Harryson...*

» — Comme je me propose de faire toutes les explorations sous-marines...

» — Je ne saisis pas.

» — Comme vous avez commencé à apprendre à Southampton.....

» — A l'aide du scaphandre?

» — Certainement.

» — Mais c'est parfait!... Je suis enchanté... Et tenez, lorsque je suis monté sur la plate-forme au moment où le phénomène se produisait, je lisais un passage du livre que voici. Il contient de curieux documents. Je vous les abrége en quelques mots.

» Sir Waterpoof s'assit, et je commençai en ces termes :

» — Les premiers efforts de l'homme, ayant pour objet l'exploration du fond des mers, remontent évidemment à l'époque la plus reculée. Il fut poussé dans cette voie, d'abord par un simple sentiment de curiosité, si naturel à l'espèce, ensuite par l'ambition légitime de rentrer en possession des richesses englouties dans l'abîme, sur la surface duquel il n'avait pas craint de les aventurer, enfin par la nécessité de l'emploi de la ruse née des dangers doublement terribles des guerres navales.

» Mais ces premières tentatives ne produisirent nécessairement que d'insignifiants résultats. Aller sous l'eau n'est rien; y demeurer quelque temps présente des difficultés dont, sans parler de la profondeur, l'impossibilité d'y respirer n'est pas la moindre.

» En dépit des exagérations des voyageurs ignorants et crédules et des naturalistes-romanciers, il est avéré que les plongeurs les plus robustes et les plus habiles, les tamils, pêcheurs de perles de Ceylan, par exemple, ne peuvent rester au-delà de soixante-quinze secondes sous l'eau. Encore en sortent-ils le plus souvent, après une immersion moins longue, dans un état pitoyable, rendant le sang par le nez, la bouche, les oreilles, souvent même par les yeux.

» Nous voici fort loin, en vérité, du tour de force de Francisco de Vega qui resta, comme on le sait, non pas cinq minutes, terme de l'exagération courante que tout homme du métier trouve déjà si ridicule, mais *cinq ans* au fond de la mer, se nourrissant de poisson, dit l'histoire, — laquelle est muette sur la nature du breuvage qui complétait cet ordinaire peu varié.

» Je n'ai point l'intention d'insister sur toutes ces exagérations, auxquelles prirent part cependant beaucoup de savants d'imagination. En me bornant à donner la mesure exacte du temps qu'un homme peut rester, sans danger.

sous les flots, je renverse *ipso facto* toute théorie contraire ou différente indigne de discussion.

» Ce n'est pas non plus d'aujourd'hui qu'ayant constaté l'impossibilité matérielle de respirer, c'est-à-dire de vivre sous l'eau, l'homme s'ingénia à y emporter avec lui ce qui lui manquait pour cela : l'air.

» Roger Bacon assure que les plongeurs au temps d'Alexandre se servaient de machines qui leur permettaient de marcher sous l'eau sans péril ; et Aristote, qui fut précepteur d'Alexandre, décrit la machine en question qu'il compare à une trompe d'éléphant, dont le tube, allant chercher l'air extérieur, en approvisionnait l'homme immergé. Cet engin sans subir de grandes modifications, à ce qu'il semble, fut longtemps employé par les Grecs, puis par les Romains, sans parler des Arabes de la côte, et est désigné ordinairement sous le nom de *capuchon plongeur*. Les *soufflets*, à l'aide desquels, suivant un auteur arabe, un plongeur porta aux habitants de Ptolémaïs, assiégés par les Croisés (1148), de l'argent et des dépêches, ne paraissent pas avoir fait faire un grand pas à la question ; il est à regretter cependant que nous n'en ayons pas une description suffisamment détaillée. Ce serait au moins quelque chose que cette seconde Croisade, si désastreuse pour la France de Louis VII, nous eût rapporté d'utile.

» En tout cas, le témoignage de Bacon nous est une garantie qu'en Angleterre on connaissait au xvie siècle une certaine espèce de *diving dress*, ou vêtement de plongeur, rappelant le capuchon du temps d'Alexandre. On en connaissait également en France et de formes variées, à la même époque, et certainement on en faisait usage, car une édition du Végèce, publiée à Paris en 1555, contient des figures d'engins de plongeurs, — qui n'ont pas le plus petit rapport avec le texte de l'auteur latin et qui viennent là, on ne sait ni pourquoi ni comment, mais qui l'attestent. L'une de ces figures représente un plongeur entièrement revêtu de son appareil, un vase appliqué sur la bouche, lui apportant la provision d'air dont il a besoin. C'est déjà quelque chose qui se rapproche assez étroitement du *scaphandre;* il est regrettable que ces figures se mêlent à un texte qui ne les regarde pas au lieu d'être accompagnées d'un texte qui les explique.

» Dans ses longues et nombreuses explorations sous-marines, William Phipps employa vraisemblablement tous les engins connus à cette époque (1683 à 1687), sans compter ceux qu'il inventa. Nous en sommes malheureusement réduits aux conjectures; le récit de la vie et des travaux de Phipps, qui méritent d'être reproduits au moins succinctement, ne contenant aucune description des appareils dont il se servit.

» William Phipps naquit en Amérique en 1650. Son père, James Phipps, était forgeron et avait travaillé à Bristol comme ouvrier armurier, avant de quitter l'Angleterre. A l'âge de dix-huit ans, William s'engagea pour quatre années chez un charpentier de marine de Boston, et quand il fut au terme de cet engagement, s'établit constructeur de navires. Il s'occupa de trafic un peu plus tard, et fit un voyage aux

Bahamas, où il entendit parler d'un navire espagnol, chargé de richesses, qui s'était perdu non loin des côtes. Il s'occupa alors de faire des recherches afin d'arracher au fond des eaux ces trésors engloutis ; il semble avoir assez bien réussi dès ce début puisqu'il se trouva en mesure de pouvoir faire un voyage en Angleterre. Ayant recueilli des renseignements sur le lieu où avait coulé bas un autre bâtiment espagnol chargé, disait-on, d'un trésor immense, dont rien n'avait jamais pu être retrouvé, il espérait également le découvrir et se rendait en Angleterre pour tenter d'intéresser quelques personnes riches à cette entreprise, qui exigeait nécessairement des dépenses qu'il était incapable de faire seul ; et, quoique inconnu, il ne doutait pas que le gouvernement voulût bien le commissionner officiellement comme directeur de l'entreprise.

» Le roi Charles II, en effet, approuva le plan de William Phipps et lui donna un navire, l'*Algier Rose*, frégate de 18 canons montée par 95 hommes et approvisionnée de tout ce qui était nécessaire pour atteindre le but proposé.

» Cependant l'entreprise échoua cette fois ; sans doute plus encore par la mauvaise volonté de l'équipage de l'*Algier Rose*, qu'à cause d'erreurs de calcul de la part de Phipps.

» Une fois même ses hommes se révoltèrent. Réunis en armes sur le pont, ils sommèrent Phipps d'abandonner ses recherches et de se joindre à eux pour exercer la piraterie dans les mers du Sud, occupation infiniment plus amusante et surtout plus à la mode à cette époque que l'exploration laborieuse des fonds marins. Mais celui-ci, pour toute répouse, se précipita au milieu de cette bande de mécontents, les poings en avant, en assomma plusieurs ou à peu près, et soumit le reste que cette manifestation énergique stupéfia, comme c'est toujours le cas avec une tourbe de cette sorte, arrogante seulement avec les faibles et les timides, si nombreuse soit-elle.

» Phipps n'était nullement découragé; il était plus que jamais convaincu de la possibilité d'arracher ces riches dépouilles à l'Océan ; il retourna donc en Angleterre où Jacques II venait de monter sur le trône, et sollicita de ce prince l'appui que son prédécesseur lui avait déjà si libéralement et si inutilement donné une première fois. Il échoua dans cette tentative.

» Alors il ouvrit une souscription publique : on commença par lui rire au nez et l'on ne souscrivit point.

» Cependant le duc d'Albemarle, fils du trop célèbre Monk, lui avança une somme considérable qui lui permit de commencer les préparatifs de cette nouvelle expédition. Bientôt après, l'exemple du duc d'Albemarle ayant entraîné les souscripteurs, le reste de la souscription était couvert, et Phipps mettait à la voile avec un navire de 200 tonneaux de jauge (1687), ayant pris l'engagement préalable de diviser le produit de l'expédition en vingt parts proportionnelles, entre les vingt souscripteurs ; car il n'y en avait pas davantage.

» Arrivé sur le lieu des recherches, c'est-à-dire sur les côtes des Bahamas, au nord d'Hispaniola, où, d'après ses calculs, devaient se trouver les trésors submergés, Phipps mit en œuvre les instruments qu'il avait inventés pour ce objet, parmi lesquels *la cloche à plongeur*, dont l'invention lui est attribuée, du moins dans sa forme moderne.

» Il avait apporté avec lui une allége, et en passant à Porto-Plata, s'était muni d'un énorme cotonnier creusé en forme de canot et destiné en effet au même usage. Ces deux embarcations furent ancrées dans le voisinage des bas-fonds appelées les *chaudières*, et qu'on apercevait s'élevant à deux ou trois pieds au plus au-dessus du niveau de l'eau, et les explorations commencèrent.

» Il se passa bien du temps avant que rien ne fût découvert; cependant un jour un des hommes de Phipps, examinant le fond par une mer calme, aperçut une plante marine connue sous le nom populaire de « plume de mer, » qui, à ce qu'il lui sembla, croissait sur le roc, et fit plonger un Indien pour lui rapporter cette plante, sous le prétexte qu'il ne voulait pas retourner auprès de son maître les mains vides. Le plongeur (je ferai remarquer ici que cet Indien plongeait vraisemblablement nu, comme le font encore aujourd'hui les pêcheurs d'éponges), en rapportant la plante marine, cet Indien raconta qu'il avait aperçu au fond de la mer un grand nombre de canons de gros calibre. Ayant plongé un peu plus avant, l'homme rapporta un bloc d'argent estimé 2 à 5,000 francs. Heureux de cette trouvaille, les hommes établirent une bouée pour marquer le lieu où elle avait été faite et regagnèrent le navire où ils rendirent compte, preuves en mains, de leur succès inespéré.

» Phipps, que le découragement envahissait, faillit de-

Mystères de l'Océan. **11**

venir fou de joie. Tout le monde dès ce moment fut employé à l'exploration du riche dépôt enfin découvert. En peu de temps, trente-deux tonnes d'argent furent repêchées. Beaucoup d'argent monnayé présentait une réunion de pièces de plusieurs pouces d'épaisseur rassemblées et cimentées par une croûte de matière calcaire qu'il fallut briser pour se rendre compte de la nature et de l'importance de ce qu'elle renfermait.

» Il y avait aussi une grande quantité d'or, de pierres précieuses et de perles. Les trésors ainsi arrachés de l'abîme par Phipps et ses hommes représentaient une valeur de 500,000 livres sterlings, bien que leurs provisions s'épuisant, ils eussent été obligés d'interrompre leurs recherches avant d'avoir tout enlevé, et que beaucoup de navires après leur départ, eussent recueilli à leur tour des richesses considérables dont l'importance ne saurait être évaluée.

» Au retour de Phipps en Angleterre, quelques courtisans *habiles* suggérèrent à leur souverain l'idée de s'emparer du navire et de sa cargaison, sous le prétexte que les renseignements donnés sur le projet d'expédition avaient été inexacts et incomplets. Jacques II, non seulement repoussa ces lâches suggestions, mais créa William Phipps chevalier; et ce fils de forgeron, ce charpentier de navire devint ainsi le fondateur de la noble famille anglaise dont le représentant actuel est marquis de Normanby.

» Beaucoup de familles nobles, même ailleurs qu'en Angleterre, ont certes une origine moins noble que celle-là !

Le duc d'Albemarle, dont la souscription avait été de

beaucoup la plus considérable, reçut pour sa part de béné-
fices la bagatelle de 90,000 livres sterlings, soit environ
2,250,000 francs. C'était vraiment une bonne affaire, et le
noble duc, il faut le dire à sa louange, ne s'y attendait pas.
Pour manifester sa reconnaissance à l'homme qui avait
augmenté sa fortune dans une proportion si considérable,
il lui fit don d'une magnifique coupe d'or, évaluée 25,000
francs.

» Phipps retourna en Amérique en 1688, investi des
fonctions de shériff de la Nouvelle-Angleterre. En chemin
il alla faire une visite au navire englouti d'où il avait su
tirer le plus clair de sa fortune désormais brillante, et y
ajouta par de nouvelles trouvailles. Nommé peu après gouverneur du Massachussets, le pays qui l'avait vu naître,
William Phipps mourut à Londres en 1695, dans sa qua-
rante-cinquième année.

» Le succès de cette affaire avait mis en goût le duc
d'Albemarle, qui sollicita et obtint sa nomination comme
gouverneur de la Jamaïque, afin de pouvoir explorer le fond
marin du voisinage de cette île, où plusieurs navires avaient
été submergés; mais il ne paraît pas que ses tentatives aient
été couronnées de succès.

» Diverses compagnies se formèrent dans le même but,
c'est-à-dire pour obtenir le privilège exclusif de fouiller le
fond de l'Océan en certains lieux désignés, avec l'aide de
plongeurs, et d'en retirer pour leur profit les trésors et
marchandises de toutes sortes qui pourraient s'y trouver.

La plus importante de ces compagnies est celle qui opéra à
l'île de Mull, en 1688, et à la tête de laquelle était le comte
d'Argyll. Les plongeurs descendirent à une profondeur de
soixante pieds sous l'eau et en retirèrent des chaînes d'or,
de l'or, de l'argent monnayés et *toutes autres sortes
d'articles.*

» — Et toutes sortes d'autres articles, répéta sir Harryson
en pénétrant dans la bibliothèque; ce doit être intéressant
ce que vous lisez là, capitaine? continua-t-il. Vous parlez
d'or, d'argent, de pierreries, que sais-je!

» — C'est vrai, milord, répliquai-je; asseyez vous auprès
de notre mécanicien-chef et vous savourerez comme lui les
délices d'une lecture intéressante.

» — On trouve donc de l'or au fond de la mer?

» — Parfaitement.

» — Je veux utiliser mon voyage sous-marin.

» — Comment?

— Tout à l'heure vous témoigniez le désir de faire une
exploration autour du volcan qui vient de s'éteindre à l'horizon, j'hésitai lorque vous m'en fites la proposition. Eh
bien! maintenant, je suis des vôtres!...

» — Bravo commandant!... nous écriâmes-nous, bravo!
votre caractère n'est pas moins courageux que les autres, et
votre esprit n'est pas moins avide de découvertes..... Nous
lui serrâmes la main.

» Sir Harryson avait son orgueil flatté, c'est tout ce qu'il
lui fallait pour le moment.

» — Continuez la lecture, capitaine Boscow. Continuez, j'écouterai avec plaisir..... alors je repris :

» C'étaient les débris de la fameuse *Armada* qui avaient une valeur très considérable.

» Dans les tentatives de ces diverses sociétés, l'emploi de vêtement de plongeur paraît probable ; toutefois aucun document précis n'autorise une complète certitude, et, malgré les figures de l'édition de Végèce dont nous avons parlé plus haut, ce n'est que vers 1721 que nous voyons employer, par un certain John Lethbridge, un appareil permettant à l'homme qui en est revêtu de se mouvoir *presque* à son gré au fond de l'eau, au lieu de s'y tenir emprisonné sous une cloche. L'appareil de Lethbridge était construit en forme de tonneau, avec deux trous pour le passage des bras et un autre trou vitré devant les yeux pour permettre de voir.

» Le pêcheur revêtu de cet appareil ne pouvait malheureusement se courber, et était en conséquence obligé de se mettre à plat ventre pour travailler sur le fond.

» Le XVIIIe siècle vit un grand nombre de tentatives, tant en France qu'en Angleterre et en Allemagne, ayant pour but une modification vraiment pratique de l'appareil de Lethbridge. Nos renseignements sur ces tentatives sont fort peu étendus et même inexacts, ou du moins très incomplets pour la plupart, car nous n'admettons pas, comme le font beaucoup de gens, que les appareils construits en liège aient eu pour objet de permettre d'agir au fond de l'eau, mais bien plutôt de ne point y enfoncer. Il est évident d'ailleurs, que beaucoup des inventions de ce genre datant de cette époque, avaient surtout le sauvetage personnel pour objet.

» Le *Scaphandre* de l'abbé de la Chapelle (1769), pourvu également d'un plastron en liège et d'un casque de même matière revêtu de fer-blanc, était recommandé par l'inventeur comme excellent pour apprendre à nager tout seul. L'abbé de la Chapelle s'était donc bien préoccupé de la question de la vie sous l'eau, mais il n'est pas probable qu'il ait songé beaucoup à l'éventualité d'un travail, à l'aide de cet engin, à une certaine profondeur; et le fait est qu'il était impossible de s'en servir à plus de six mètres. Il y avait dans cette impossibilité il est vrai, une question de pression, négligée jusqu'ici par les inventeurs, laquelle exerçait sur les membres libres du plongeur une influence assez grande pour arrêter la circulation et rendre tout travail impossible. Cette erreur se retrouve dans l'appareil cependant mieux compris, mais trop compliqué du Prussien Klingert, à l'aide duquel on pouvait descendre sous l'eau à un mètre plus bas qu'avec celui de l'abbé de la Chapelle.

» A dater de cette époque, il semble qu'on ait enfin compris d'où venait l'obstacle que Boyle en Angleterre et Mariotte en France, dans leurs travaux hydrostatiques, avaient indiqué simultanément près d'un siècle et demi plus tôt. Mais il semble que ce soit dans la construction de la cloche, que la loi qui en découle ait été d'abord appliquée, et l'on s'accorde généralement à faire honneur de cette application à Smeaton, l'illustre architecte du phare d'Eddystone.

» Le Prussien Klingert, toutefois avait imaginé de revêtir le plongeur d'un vêtement imperméable; c'était déjà quelque chose. On emprisonna ensuite la tête du plongeur dans une sorte de casque, lequel recevait de l'air comprimé au moyen d'une pompe. Les inventions ou plutôt les perfectionnements se succédèrent rapidement. Le scaphandre qui réunit les meilleures conditions, et qui, d'ailleurs, est généralement adopté aujourd'hui en France et en Angleterre, est celui qui porte les noms de MM. Rouquayrol, ingénieur des mines et Denayrouse officier de marine. »

» L'ingénieur Waterpoof se leva, me prit le livre des mains et le déposa sur la table de la bibliothèque nous faisant signe de le suivre.

» — Venez, amis, dit-il, je vais compléter la description du livre.

» Nous nous levâmes, et un instant après nous étions réunis dans la salle de récréation où étaient suspendus les scaphandres.

» — C'est à l'aide d'un de ces appareils que le capitaine, poursuivit-il en me désignant, a accompli sa première exploration sous-marine, et c'est encore le même appareil qui va servir.

» Ainsi vous le voyez, il se compose d'un vêtement imperméable complet; le plongeur a en outre sous s pieds des semelles de plomb pesant vingt kilogrammes chacune. Sa tête est emprisonnée dans un casque de cuivre repoussé; où toutefois elle se meut librement, et muni de glaces de deux centimètres d'épaisseur. Dans l'ensemble de l'appareil Rouquayrol-Denayrouse , j'ai dû apporter quelques modifications.

» Ainsi, capitaine , s'il vous en souvient vous avez parfaitement remarqué deux tuyaux en caoutchouc qui partaient de ce casque? l'un avait pour mission d'apporter au plongeur la provision d'air dont il a besoin et que lui transmettait une pompe ; l'autre n'était qu'un simple conduit acoustique dont l'usage se devine.

» Mais construit dans de telles conditions physiologiques, il était impossible de s'aventurer au plus profond des mers. Le plongeur n'est pas libre il est attaché à la pompe qui lui envoie de l'air.

» Voici en quoi consiste mon perfectionnement : un réservoir de tôle dans lequel j'emmagasine l'air sous une pression de cinquante atmosphères. Ce réservoir se fixe sur le dos au moyen de bretelles comme un sac de soldat. La partie supérieure forme une boîte d'où l'air, maintenue par un mécanisme à soufflet ne peut s'échapper qu'à sa tension normale.

» Deux tuyaux de caoutchouc partent de cette boîte et viennent aboutir au casque à l'endroit où la bouche de l'homme doit se placer. L'un sert à l'introduction de l'air inspiré et l'autre à l'issue de l'air expiré et la langue ferme celui-ci ou celui-là suivant les besoins de la respiration.

» — Mais l'air qu'on emporte comme ça sur le dos doit s'user vite, observa le commandant Harryson.

» — Sans doute, reprit l'ingénieur; mais dans cette boîte j'emmagasine pour dix heures au moins de respiration.

» — Autre chose, maintenant, dis-je à mon tour. Je me me permets de vous demander comment nous ferons pour éclairer notre marche au fond de l'Océan? A bord la chose est encore praticable; mais en pleine eau?

» — Au moyen de l'appareil Rhumkorff, capitaine. Si le premier se porte sur le dos j'ai pensé que le deuxième ne serait pas mal placé à la ceinture.

» Tenez voici une petite lanterne toute construite en verre. Au-dessus se trouvent deux boîtes de métal. Dans la première je comprime du gaz acide carbonique qui pénètre dans la cage de verre traversée par un fil de fer contourné en spirale et qui à son tour aboutit à la deuxième boîte métallique qui renferme une miniature de bobine Rumkorff. Ainsi équipés et éclairés, nous pourrons voyager l'espace de dix ou douze heures.

» — Je pense que ce sera suffisant pour bien explorer le volcan Harryson.

» — Le volcan Harryson! s'écria notre maître ébahi, il porte donc mon nom!

» — Assurément, puisque c'est vous qui l'avez aperçu le premier.

» — Je m'en défends!

» — Bah!...

» — Oh! que non, je ne veux point qu'un volcan... Au
reste il faut bien se rendre un tant soit peu célèbre, j'aban-
donne mon nom au susdit volcan.

» — Voici des concessions que j'aime, continua ironiquement l'ingénieur. Puisqu'il en est ainsi, le timonier va
prendre ses dispositions et mettre le cap sur le volcan, non,
je veux dire sur le rocher Harryson.

» — C'est le rocher maintenant? Va pour le rocher!
Allons timonier, à l'œuvre.

» Et sir Harryson, complétement transformé, décrocha
de la paroi un casque de scaphandre dont il s'affubla. »

CHAPITRE XVIII.

PAYSAGE SOUS-MARIN.

« — Mais on n'est pas trop mal là-dedans, disait-il en gambadant. Avec ça je ferais cent lieues sous mer !...

» — Pourvu que vous trouviez des trésors comme Phipps ?

» — Évidemment.

» J'imprimai une nouvelle direction au *Navigator*, et en une heure de temps nous avions atteint les environs du rocher sorti si subitement de l'eau.

» Sir Waterpoof ouvrit les robinets des réservoirs qui se remplirent aussitôt, et en une seule minute nous nous trouvâmes par 75 mètres au-dessous du niveau de l'Océan. Nous sentîmes un léger choc au-dessous de la quille : donc nous étions arrivés à destination.

» Notre guide et chef mécanicien était au comble du bonheur, moi-même amateur de la science, j'étais ravi..... un sentiment de joie indicible inonda mon cœur lorsque j'emprisonnai ma tête dans le casque du scaphandre. Mais il me restait un point à éclaircir. Comment devions-nous reconnaître la présence du *Navigator* après l'avoir abandonné?

» Je fus obligé de quitter mon appareil pour questionner l'ingénieur à ce sujet.

» Ce dernier, moins pressé, arriva muni de divers objets. Dans une main il tenait trois lances, et dans l'autre les lanternes prêtes à fonctionner. Il n'y avait plus qu'à appuyer sur un petit bouton.

» Opération qu'il fit après nous avoir distribué à chacun une arme.

» — Ça peut servir, dit-il, on ne sait pas ce qui peut arriver.

» — Nous aurons donc à nous défendre? murmura sir Harryson.

» — Peut-être oui, peut-être non, commandant, fut-il répondu.

» — Il vaut mieux que ce soit non; car une lance... c'est pas grand chose contre un requin ou une baleine.

» — Ah ça! vous avez donc toujours les requins et les baleines en tête, vous?...

» — Dam, j'en ai aperçu il n'y a pas si longtemps du reste...

» — Fort bien; mais le requin ne vous approchera pas, soyez-en persuadé. La lumière de votre lanterne et la piqûre que pourra lui faire votre lance le dégoûteront...

» — S'il en est ainsi, tant mieux.

» — Quant à moi, observai-je à mon tour, ce ne sont ni la baleine ni le requin qui me préoccupent.

» — Parlez, je vous écoute, répliqua l'ingénieur.

» — Comment pourrons-nous retrouver notre embarcation sous-marine si nous nous aventurons un peu au loin.

» — J'ai une réponse toute prête à votre question, répliqua notre guide en me montrant un objet de forme ronde que je ne pouvais me définir. Voici une lanterne en tout semblable à celle que vous portez à votre ceinture. Elle n'en diffère que par sa dimension, et par la juxtaposition des boîtes génératrices qui se trouvent en-dessous au lieu de se trouver au-dessus.

» — Ensuite?

» — Eh bien cette lanterne, d'une puissance relativement beaucoup plus grande que les nôtres, sera placée à l'avant du navire. Elle éclairera nos premiers pas et projettera sa lumière à une distance fort éloignée quoique immergée au sein des eaux.

» — Fort bien. Une deuxième et dernière question, s'il vous plaît!

» — Laquelle?

» — Lorsque nous allons être équipés des pieds à la tête comment ferons-nous pour sortir du *Navigator?*

» — Deuxième et dernière réponse. Vous allez être satisfait, capitaine.

» Sur l'avant du navire, dans la partie comprise dans l'éperon, se trouve une petite cabine où deux ou trois personnes au plus peuvent contenir. Nous allons y pénétrer, ayant soin de refermer hermétiquement la porte. Cette porte étant close, je presse sur un ressort et l'éperon s'ouvre en deux pour nous livrer passage.

» — Alors l'eau nous envahit subitement?

» — Subitement.

» — Mais...

» — Qu'importe, vous n'en êtes point à votre coup d'essai.

» — Je termine la discussion. Hâtons-nous de profiter du calme de la mer pour explorer ce que nos yeux n'ont jamais vu.

» Cette discussion terminée, nous nous mîmes en devoir de revêtir nos costumes sous-marins.

» Sir Harryson fut le dernier prêt.

» Cette opération se fit dans l'étroite cabine dont l'ingénieur nous avait entretenus ; car sans cette précaution il nous eût été impossible de bouger, vu le poids énorme qui était à nos pieds. Mais ce plomb n'était point inutile ; c'était la résistance à offrir à la poussée de bas en haut qui devait se produire infailliblement.

» Enfin l'heure du départ avait sonné. Je pressai sur le bouton et le *Navigator* s'entr'ouvrit par l'avant.

» Une masse d'eau compacte nous envahit tout d'abord et nous culbuta, pour ainsi dire. Mais appuyés sur le bois de nos lances, nous étions solides à toute épreuve.

» Sir Waterpoof, porteur de la lanterne destinée à nous servir de phare passa le premier hors du navire. Il accrocha l'appareil d'éclairage à la place qui lui était réservée, puis il nous fit signe de le suivre.

» La lumière de nos lanternes, sans être très intense, éclairait suffisamment notre route.

» Nous foulions un sable léger sous nos semelles de plomb brisant mille coquillages divers.

» De prime abord nous ne pouvions pas bien distinguer les objets qui s'estompaient dans l'éloignement. Cependant au bout de quelques instants nous aperçûmes distinctement l'horizon de ce paysage nouveau.

» C'était la base du rocher volcanique. Au sable fin succéda une vase, non point repoussante comme celle des marais, mais brillant d'un singulier éclat sous la lumière. On eût dit des milliers de paillettes d'or ou d'argent qui se reflétaient dans cette masse confuse.

» Ne pouvant transmettre ma première observation de vive voix, je me contentai d'un signe.

» L'ingénieur me comprit et à son tour il me montra une belle plante marine qui s'agitait mollement au remous de l'onde. Cette plante sans exagération avait les feuilles larges d'un mètre au moins. A leur surface on apercevait des milliers de petites perles d'une nuance rose tendre et qui brillaient d'un éclat singulier. C'était beau à voir.

» Je reconnus que c'étaient des œufs de poissons, et mon regret fut grand de ne pas être plus connaisseur en ichthyologie qu'en flore sous-marine.

» A mesure que nous avancions, le spectacle changeait d'aspect. Le sol commença par être rocailleux, nulle part

sur ce rocher n'apparaissaient les mollusques qu'on y voit
ordinairement.

Ce fait me parut assez étrange et je me l'expliquai dans
la suite.

» — C'est de la roche volcanique, pensai-je, et je pour-
suivis ma route.

» L'ingénieur et sir Harryson passaient en avant, ne s'ar-
rêtant point à considérer les divers objets qui paraissaient à
leur portée. Il leur tardait d'arriver au but proposé.

» Bientôt la lumière de nos lanternes pâlit, je crus qu'elles allaient s'éteindre; mais il n'en était rien. Les ombres
de chaque objet se dessinaient quand bien même. Tout à
coup un éclat resplendissant traversa la masse compacte des
eaux.

» Il était alors dix heures du matin. Les rayons du soleil
devaient frapper la surface des flots dans un sens oblique,
et au contact de ce vaste prisme ils se décomposaient par la
réfraction. Les moindres aspérités du rocher se colorèrent,
nuançant leurs bords des sept couleurs du spectre solaire.

» C'était une fête des yeux! une véritable kaléidoscopie
de jaune, de vert, d'orangé, de vermillon, de bleu, d'indigo et de violet.

» Hélas! que ne pouvais-je transmettre mes impressions
à mes compagnons. Comme peintre, j'étais au comble du
bonheur. Jamais ma palette ne s'était revêtue d'un coloris
aussi varié! Hélas! que ne pus-je faire une simple exquisse
de ce que je voyais!

» La solitude la plus complète nous entourait, et cependant il y avait près d'une bonne heure que nous marchions sous l'eau. On ne sentait point la fatigue, on eût dit que l'eau nous portait d'elle-même.

» Je compris alors pourquoi les cétacés et les grands poissons faisaient de ces trajets aussi longs. Je m'expliquai aussi la rapidité du *Navigator*.

» Enfin nous arrivâmes au pied, à la base du fameux rocher Harryson. L'onde semblait avoir conservé un reste de chaleur ; car nous sentîmes une transition presque brusque dans le milieu où nous nous trouvions.

» Evidemment l'action volcanique n'était pas tout à fait terminée. Le feu concentré dans l'intérieur n'en faisait pas moins sentir sa chaleur à l'extérieur.

» Aussi ne vîmes-nous aucun poisson flotter ou nager au-dessus de nous.

» La température de cette eau était nuisible à la vie des habitants de l'Océan.

» Sir Waterpoof s'arrêta et nous fit un signe en même temps. C'était dire halte.

» Puis il commença le premier à gravir les flancs du volcan dont la base semblait intimement liée au fond.

» On eût dit que ces rochers avaient existé de tout temps. Enfin il était incroyable de penser que cette masse rocailleuse n'existait pas trois heures auparavant.

» Notre ascension dura dix minutes tout au plus, elle n'offrit d'autre intérêt que celui de mesurer la hauteur du rocher. Ce dernier avait quatre-vingts mètres de la base au sommet. Je m'en rendis compte d'une façon toute approximative. Nous redescendîmes et cette fois nous nous trouvâmes en plaine.

» Nous marchions d'un pas régulier qui résonnait sur le sol avec une intensité étonnante. Le moindre bruit se transmettait avec une vitesse parfaite, et à laquelle l'oreille humaine n'est point habituée sur la terre.

» Pour le son, il est reconnu que l'eau est meilleur conducteur que l'air.

» Le sol s'abaissa tout à coup par une pente presque rapide, et la lumière de nos appareils Rhumkorff commença à nous être d'une certaine utilité.

» Nous commencions à entrer dans les ténèbres.

» Tout à coup l'ingénieur s'arrêta.

» On sentait autour du corps comme une espèce de brise rafraîchissante. C'était la température changeant autour de nous d'une manière évidente.

» Notre guide s'approcha de moi et m'indiqua un objet que je ne pus distinguer de prime abord.

» Il se remit ensuite en marche et nous le suivîmes. Sir Harryson se tint auprès de moi cherchant à interroger mes regards à travers l'épaisse vitre qui nous séparait. L'eau sans être éclairée semblait devenir plus transparente.

» Nous marchâmes encore une demie heure environ et nous atteignîmes l'horizon si bien indiqué par sir Waterpoof.

» C'était une forêt sous-marine.

» Les hautes plantes qui s'élevaient devant nous figuraient assez bien des arbres.

» Des palmiers, des cocotiers, des aréquiers, des chênes têtards, etc. Enfin toute cette faune aquatique avait un rapport avec celle de la terre.

» Par exemple on ne rencontrait pas de lianes et d'herbe comme dans les forêts vierges du Brésil ! oh non !

» Je regrettai encore une fois de plus de ne pas être savant en faune maritime et en conchyologie ; car j'avais les plus beaux spécimens devant les yeux.

» Ce que je reconnus facilement, ce fut la famille des algues, dont on compte plus de mille espèces dans la botanique.

Les unes ressemblaient à ces longues herbes des champs qui se balancent au gré du zéphyr avant que la faux meurtrière ne vienne les abattre sur la fin de leur existence.

» Puis une immense variété de coquillages de toutes les formes, de toutes les nuances rampaient à nos pieds. Il y en avait une quantité telle que nous étions obligés de marcher dessus et de les écraser d'une manière impitoyable.

« Plus nous avancions, plus le paysage était changeant. La voûte de la forêt sous-marine s'éclaircit peu à peu, et nous commençâmes à fouler un sol couvert d'éponges et d'algues d'une espèce différente à celles que nous avions rencontrées précédemment. Puis aux hautes plantes marines succéda un bosquet charmant de corail blanc et rose.

» Je jetai un cri d'admiration à cette vue. Il faut croire·

que ce cri fut perçu par mes compagnons de route ; car iis s'approchèrent de moi croyant que j'éprouvais un malaise. Mais il n'en était rien.

» Je leur fis signe de continuer la route. Signe qui les rassura complètement.

» Un instant ma langue avait abandonné l'ouverture des tubes, lorsque je poussai mon cri d'admiration, cette précaution m'eût été plus que nuisible si j'avais omis de l'observer aussitôt après. Aussi pensai-je bien être plus prudent à l'avenir et concentrer mes impressions intérieurement.

» Nous arrivâmes enfin sous une espèce de berceau formé par des branches de corail qui s'enchevêtraient les unes dans les autres d'une façon fort uniforme, gracieuse même.

» Chaque branche était en floraison, et portait une multitude de fleurs blanches assez semblable à celles de nos pâquerettes.

» Le lieu semblait on ne peut plus engageant pour prendre du repos.

» D'un signe simultané nous convînmes de nous y arrêter.

» J'éprouvai une impression de somnolence que je ne pus vaincre malgré moi. Les plongeurs, du reste, éprouvent tous ce symptôme au bout d'un certain séjour dans l'eau.

» Je m'endormis donc..... Combien de temps restai-je lans le sommeil ? je ne saurais le dire. Toujours est-il qu'il fallut que ce brave sir Harryson me réveillât.

» Lorsque j'ouvris les yeux, j'étais en présence d'un

immense scarabée qui avait la forme d'une pieuvre. Assurément ce n'était pas la pieuvre de M. Victor Hugo ; mais c'en était une.

» Elle étendait ses longues tentacules vers moi et allait me saisir, lorsque sir Waterpoof l'anéantit d'un seul coup de lance.

» Cette rencontre désagréable quoique peu dangereuse nous fit lever immédiatement la séance. Et ce fut sans regret aucun que nous quittâmes le bosquet de corail.

» Plus loin nous rencontrâmes une troupe de crustacés divers qui probablement changeaient de garnison. Puis au-dessus de nos têtes passèrent des bandes de sardines poursuivies par des marsouins qui leur faisaient une chasse des plus actives.

» Nous laissâmes la forêt et le bosquet bien loin derrière nous ; si loin que je n'osai m'aventurer davantage. J'hésitai, lorsque notre guide me saisit par le bras pour me faire changer de direction.

» J'oubliai alors et la forêt d'algues, et les coraux, admirables ouvrages des zoophytes..... Je me laissai entraîner, je me hâtai plutôt ; car levant mes regards vers la surface des flots j'aperçus une bande de requins se dirigeant vers un point qui semblait les attirer.

» Ces squales terribles nageaient avec une rapidité étonnante, montrant leurs horribles mâchoires. Ils couraient à une curée quelconque. Fort heureusement pour nous le requin a la vue fort mauvaise, sans cela nous n'échappions pas au danger.

» Tout à coup sir Harryson s'arrêta court et me frappant sur l'épaule, il m'indiqua une masse noirâtre qui se détachait sur l'horizon sablonneux.

» C'était un navire.

» Le *Navigator*, pensai-je; alors nous sommes arrivés.

» Je me trompais, c'était bien un navire, mais un navire que la tempête avait submergé.

» L'appât du gain semblait rendre joyeux le propriétaire du *Navigator*. Il songeait sans nul doute aux explorations sous-marines de Phipps, et comme lui il espérait accroître son avoir déjà considérable. Je m'expliquai alors la direction que suivaient les requins; mais encore une fois je me trompais. Le navire submergé n'avait pour eux aucun attrait.

» Ils suivaient une piste différente.

» Un navire voguait au-dessus de nous.

» Nous apercevions facilement sa coque garnie de cuivre brillant, et le jeu de son hélice qui remuait les premières couches de l'Océan sans que les bas fonds fussent troublés.

» C'était une coquille de noix émergeant au milieu de l'immensité des mers.

» L'embarcation s'arrêta à un moment donné, puis une masse ressemblant à un corps humain aux pieds duquel étaient suspendus d'énormes boulets — plongea dans la mer.

» C'était un cadavre.

» Mais il n'eut pas le temps d'atteindre le fonds ; car les equins s'élancèrent sur son passage et le dévorèrent en un instant.

» Ce fut un triste spectacle que celui-ci, involontairement nous frissonnâmes dans l'intérieur de notre carapace de caoutchouc.

» Nous approchâmes enfin du navire submergé. A l'arrière ont pouvait lire ces mots scupltés dans le bois et recouverts de dorure : *La Belle-Poule.*

» C'était un navire de commerce français dont nous voyons les tristes débris.

» A notre approche une fourmillière de petits poissons s'échappa soit par les sabords, soit par les cailleboutis entr'ouverts.

» Sir Harryson peu courageux dès le début de sa campagne eut une audace singulière. Nous le vîmes se baisser et chercher à scruter l'intérieur du bâtiment.

» Puis se cuirassant de hardiesse il s'approcha bien près, à peu près certain que rien ne pouvait lui occasionner du désagrément.

» *La Belle Poule* était couchée sur le flanc de telle façon qu'il nous était facile d'y pénétrer si nous voulions.

» A un moment donné, je n'aperçus plus sir Harryson. Sans nul doute il avait profité du moment où l'ingénieur et moi avions tourné la tête pour enjamber un panneau et s'introduire dans les trois mâts.

» Je fis signe à Waterpoof de ne point être dans l'inquiétude et j'indiquai le navire.

» L'appât avait tenté notre richard.

» Nous attendîmes patiemment; car sans nous il lui eût
été impossible de reconnaître son chemin, la lumière du
Navigator ayant complètement disparu derrière les massifs
de la forêt sous-marine.

» Notre guide me fit un signe que je compris parfaitement.

» C'était de m'accroupir sur le sable, à côté de lui et sous
l'étambot du bâtiment naufragé. Sir Harryson ne sortait pas
encore. Que faisait-il? que devenait-il? Son imprudente
cupidité ne l'aurait-elle pas amené à être la proie de quel-
monstre marin?

» Telles étaient les conjectures, les tristes conjectures que
je faisais sous ma calotte de cuivre. Je voulus me lever pour
m'assurer de l'inexactitude de mes prévisions, lorsque l'ingénieur me retint par le bras.

» Sir Harryson sortait de *la Belle-Poule*, il portait quelque chose à la main qui ressemblait assez à une valise. Nous
le vîmes qui semblait stupéfait de ne plus nous trouver. Il
cherchait, il cherchait de tous côtés; mais il ne voyait rien.
Plein de découragement il laissa tomber sa valise élevant ses
bras en manière de supplication.

» Tout à coup une idée lui vint, c'était de contourner le
bâtiment. Mais au moment où il disparaissait derrière le
gaillard d'avant nous quittâmes subitement la place que nous
occupions pour aller nous poster à une vingtaine de pas plus
loin.

» Sir Harryson fit trois fois le tour de la coque du trois-mâts; mais rien, toujours rien.

» C'était une scène comique dont nous riions de tout notre cœur. Mais le général, je veux dire le commandant, n'était pas dans la gaîté.

» Plein de désespoir de nous avoir perdus, il s'assit sur le sable, dans la position d'un homme qui se tient la tête pour pleurer.

» Je ne pus faire durer la pantomime plus longtemps. Quelques instants après sir Waterpoof et moi nous étions auprès du désolé.

» L'ingénieur frappa sur son casque-scaphandre.

» Ce seul coup produisit l'effet d'une étincelle électrique. Sir Harryson se leva d'un bond comme s'il avait senti le passage de quelque poisson dangereux; mais lorsqu'il nous aperçut en face de lui, les gestes mimiques recommencèrent de plus belle. Mais ce n'étaient plus le désespoir ni la tristesse qui les inspiraient, c'était la joie de nous avoir retrouvés. »

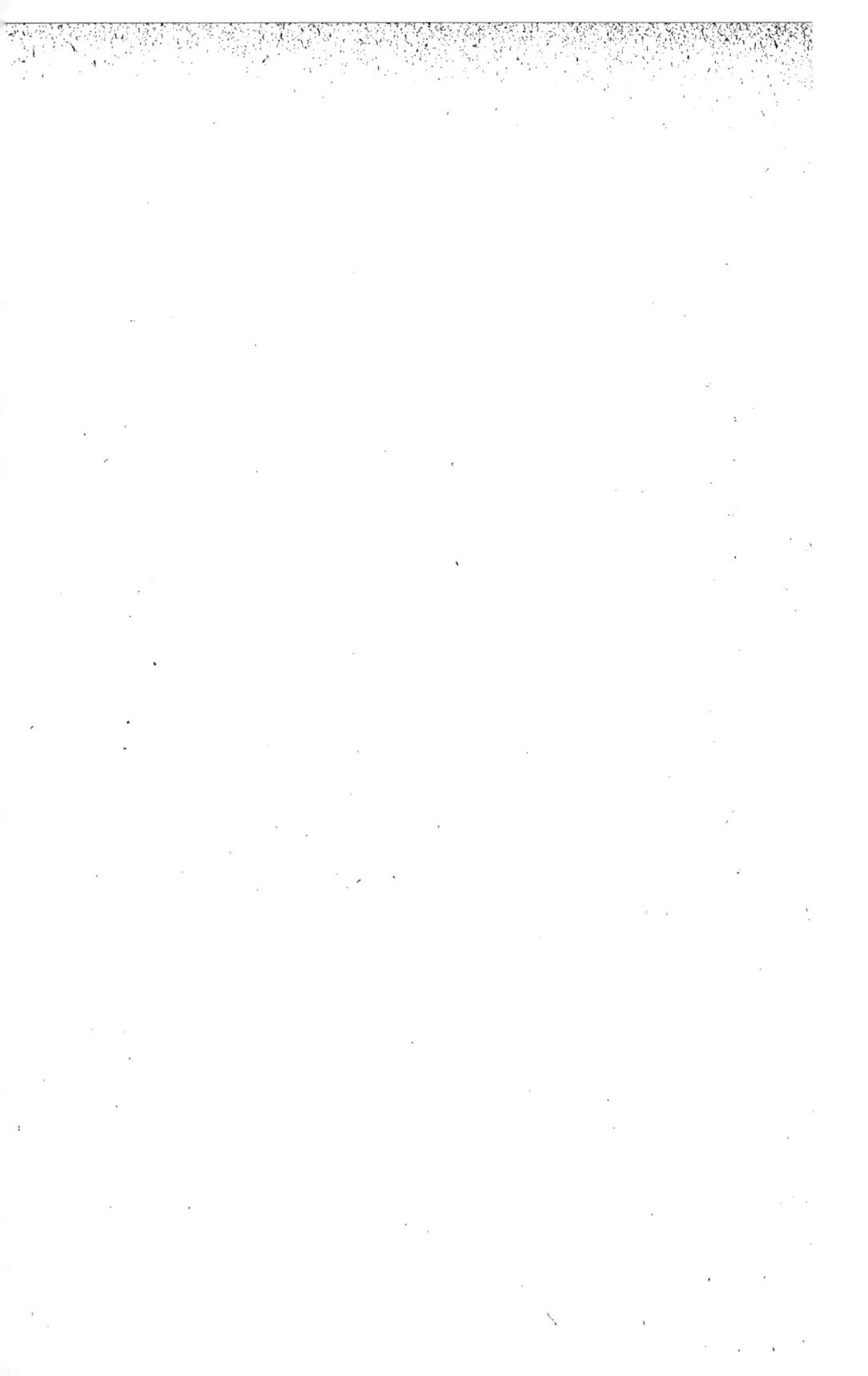

CHAPITRE XIX.

—

A FLOT.

« Le négociant reprit sa valise abandonnée un instant auparavant, et nous nous mîmes en marche ; mais dans une direction toute opposée à celle que nous avions suivie pour arriver jusqu'à *la Belle-Poule*.

» Le retour s'opéra beaucoup plus rapidement que le départ ; car nous ne nous arrêtâmes pas à contempler les richesses merveilleuses et les mystères du fond de l'Océan. Il nous tardait de rejoindre le *Navigator ;* car nos estomacs étaient vides ou à peu près vides, et le besoin de les réconforter se faisait sentir vivement.

» Nous laissâmes bientôt sur notre droite et l'oasis de corail, et la forêt, et le rocher. On aperçut enfin la lumière du *Navigator*, et j'avoue humblement, pour mon compte personnel, que je n'étais pas fâché de la revoir. Une demi-heure ou trois quarts d'heure suffirent pour nous mettre en face du navire sous-marin encore entr'ouvert à l'avant.

» Nous nous empressâmes d'y pénétrer, sir Harryson le premier ayant sa valise d'une main et sa lance de l'autre. On eût dit Don Quichotte et son écu.

» L'ingénieur entra le dernier ; car seul il connaissait le moyen de refermer l'éperon du *Navigator*.

» Nous nous trouvâmes donc de nouveau dans le petit réduit ; mais complétement immergés.

» L'ingénieur pressa sur un bouton, et aussitôt une masse compacte d'air comprimé pénétra dans cette chambre noire, chassant au dehors l'eau qui s'y trouvait.

» Un instant après nous nous trouvions dans la salle des scaphandres, ôtant nos appareils avec tout l'empressement désirable.

» Pour mon compte je me sentis harassé de fatigue, beaucoup plus que lorsque je me trouvais dans l'eau. Sir Harryson était anéanti, il tomba comme une masse à côté de sa valise.

» Quant à l'ingénieur, beaucoup plus courageux que nous, il se mit en cuisine pour remettre ce que la faim et la fatigue anéantissaient.

» Le repas fut prêt à la minute.

» Mais avant de se mettre à table, il fut convenu qu'on remonterait au niveau de l'Océan, non-seulement pour renouveler la provision d'air épuisée par nos différentes manœuvres sous-marines ; mais encore pour faire un repas dans des conditions normales.

» Si l'air manque pendant que la mastication s'opère, la digestion devient difficile et mauvaise. C'est pour cela que dans les colonies on se sert généralement de ventilateurs au moment des repas.

» Les réservoirs se vidèrent promptement, et en moins de temps qu'il ne faut pour le dire ou l'écrire, le *Navigator* se trouva à flot.

» — Maintenant, dit l'ingénieur, à table ! Un bon plat de moules sautées à la crème, des palourdes, de la raie et des coquillages de toutes espèces nous attendent sans compter les rostbeefs et les beefsteaks...

» C'était un menu des plus appétissants. On ouvrit le panneau de la plate-forme, et l'air vivifiant pénétra inondant nos poumons d'une fraîcheur presque aromatique.

» — Eh bien, amis, continua notre guide ingénieux et ingénieur, êtes-vous satisfaits de votre promenade sous-marine ?

» — Si on peut demander *ça !* répliqua sir Harryson dévorant une énorme tranche de rostbeef. *Si ça* se demande !

» — Vous êtes donc content ?

» — Si je suis content ? mais je le pense bien. Non-seulement j'ai vu des merveilles sous-marines ; mais encore j'ai bien vu autre chose, et il indiqua la valise encore toute humide.

» — C'était le mobile du voyage, murmurai-je.

» — Assurément, ajouta sir Waterpoof. Ce n'étaient point les merveilles qui se sont développées devant nos yeux qui avaient un appât...

» Sir Harryson rougit; il avait honte. Notre plaisanterie l'incommodait.

» — Messieurs, dit-il, vous riez de mon escapade à *la Belle-Poule;* mais vous pourriez bien ne pas en rire lorsque vous connaîtrez le motif qui m'a déterminé à pénétrer dans ce bâtiment submergé.

» — Alors ce n'est pas l'intérêt qui vous a guidé dans ces recherches?

» — Assurément non.

» — Sir James Harryson, vous êtes un honnête homme!... Touchez là!...

» Et l'ingénieur tendit la main à son féal et loyal maître qui s'empressa de la serrer avec effusion.

» — Vous nous conterez votre histoire entre la poire et le fromage, poursuivit sir Waterpoof, elle nous distraira.

» — C'est ce que je me proposais de faire.

» — A la bonne heure! voici un homme généreux qui ne veut point tout garder pour lui.....

» — C'est vrai, répliquai-je, aussi je porte un toast à notre bon et féal maître sir Harryson.

» Les merveilleux végétaux sous-marins que j'ai pu remarquer pendant ma pérégrination m'ont assurément intéressé. Que n'intéresserait pas un homme avide de science?

» Le volcan a eu mes premières émotions, ensuite la forêt, après l'oasis de corail et enfin la vue des squales dévorant un malheureux cadavre que l'on venait de jeter à l'eau; mais dans tout cela pas une intrigue, pas une énigme que je puisse deviner. Le Créateur de toutes choses fait éclater sa puissance dans les plus petites choses comme dans les plus grandes ; il met tout sous les yeux de l'homme observateur sans que ce dernier puisse dire : tel phénomène a telle cause, d'une façon certaine. Non, l'homme n'est pas fait pour deviner les secrets de son Créateur, il les admire, il les étudie et voilà tout.

» — Sir Boscow a raison, ajouta le négociant ; pour moi je me suis contenté d'admirer tout ce que j'ai vu, je me suis contenté de me voir bien, bien petit en face de la Divinité.

» Mais laissons les dissertations philosophiques et venons au but.

» Vous désirez connaître le motif qui m'a engagé à pénétrer dans l'intérieur du trois-mât naufragé ? Vous voulez savoir ce que j'ai vu, ce que contient cette valise ? Votre curiosité est trop légitime pour que je ne la satisfasse pas.

» Sir Harryson aspira quelques bouffées d'un cigare odorant et commença en ces termes :

» Il y a quelque années, j'étais allé au Hâvre afin de traiter quelques affaires avec mes clients français. Longtemps j'avais hésité à faire ce voyage relativement peu coûteux il est vrai, mais plein d'ennui pour moi. La nécessité me forçant, je pris passage à bord du steamer qui dessert la ligne de Southampton au Hâvre.

» J'étais seul tenant ma valise à la main et me promenant de long en large sur le pont attendant avec impatience l'heure du départ lorsqu'un personnage passa près de moi en me saluant.

» Je rendis le salut sans plus m'occuper de celui qui venait de me faire cette politesse ; car je recommençai ma promenade fort circonscrite.

» L'heure du départ arriva. Le steamer se mit en marche par une mer fort houleuse. Quoique le trajet ne fût que de quelques heures, j'aimais mieux le faire le plus commodément possible. Aussi me hâté-je de descendre dans la batterie haute afin de me glisser dans un hamac pour éviter le mal de mer. La plupart des passagers m'avaient déjà précédé et bon nombre d'entre eux imitèrent ma précaution, sinon infaillible du moins fort atténuante en cas de mauvais temps sur mer.

» Dans mon empressement j'oubliai ma valise que j'avais déposée sous un banc sur le pont. Le roulis de la mer m'endormit si bien que ce ne fut qu'à mon réveil, au bout de deux heures, que je m'inquiétai de cette fameuse valise.

» Je remontai sur le pont, je cherchai sous le banc que j'avais occupé, elle n'y était plus !... Eperdu, j'allai trouver le capitaine et lui contai ma mésaventure.

» — Je suis très fâché du malheur qui vous est arrivé, me dit-il ; mais je n'y puis rien pour le moment. Lorsque nous serons au Hâvre, on avisera avant le débarquement des passagers. Que diantre ! cette valise ne peut pas être perdue !...

» — C'est qu'elle contenait vingt-cinq mille livres sterlings, m'écriai-je éperdu.

» — Du calme, monsieur, reprit le capitaine, du calme. Si votre valise est tombée entre les mains d'un de mes hommes, elle vous sera rendue. Dans le cas contraire, la douane française fera son devoir.

» A demi rassuré par ces paroles, je retournai m'asseoir sur le maudit banc. Il y avait à peine cinq minutes que j'étais à cette place lorsque je vis s'approcher de moi le même individu qui m'avait salué lors du départ de Southampton.

» — Monsieur, me dit-il à voix basse.

» — Hein? répondis-je sur un ton brusque.

» — Monsieur a laissé sa valise sous ce banc, poursuivit-il sur le même ton, au moment de la houle?

» — Oui, et puis après? est-ce que ça ne peut pas arriver à tout le monde?

» — Que monsieur ne se fâche pas, continua le paisible personnage; car je viens lui en donner des nouvelles.

» Ces paroles me radoucirent.

» — Ah! vraiment?

» — Oui, au moment de la houle je suis passé devant ce banc et j'ai vu la valise en question. Pensant qu'elle avait été oubliée, et qu'elle pouvait tomber entre plus mauvaises mains que les miennes, je me permis de la ramasser. Puis je crus me rappeler que je vous l'avais vue à la main.....

» — C'est très bien. Et où est-elle?

» — Ma femme la garde là-bas dans l'entre-pont; mes petits enfants faute de siéges s'assoient dessus.

» — Ah! par exemple!... Eh bien, mon ami, vous êtes un honnête homme.

» — Je n'ai fait que mon devoir.

» — Plus que votre devoir. Un autre se serait emparé de la valise, peut-être sans mot dire.

» — C'est possible ; mais enfin...

» — Mais enfin c'est comme cela, je pouvais perdre ce qui m'est fort nécessaire. Ce n'est point que je manque d'argent ; mais encore...

» — Oui ; mais encore vaut-il mieux que vous le possédiez.

» Et le brave homme m'entraîna vers l'avant du navire.

» — Marie, dit-il à sa femme, voici le propriétaire de la valise que j'ai trouvée il y a tantôt trois heures.

» La jeune femme me salua aussi poliment que son mari l'avait fait, puis elle dit :

» — Tant mieux, mon cher ami, j'en suis fort aise.

» En ce moment je vis deux petits bébés, l'un âgé de trois ans tout au plus, l'autre de deux, le premier blond et rose, le second brun et vermeil, qui s'amusaient à traîner ma valise sur le plancher.

» — Etienne ! Paul !... allons mes enfants, laissez ceci ; car ce n'est pas à nous.

» Le père prit alors la sacoche et me la rendit.

» — Monsieur, me dit-il, je suis heureux d'avoir pu vous être utile.

» Je remerciai ces honnêtes gens avec effusion, puis j'ajoutai :

» — Me serait-il permis de vous poser une question un tant soit peu indiscrète ? mais qui m'intéresse au plus haut point.

» — Interrogez, monsieur, nous tâcherons de satisfaire à votre demande.

» — Si je ne me trompe, vous n'êtes pas de nationalité anglaise.

» — Vous ne vous trompez point.

» — Vous êtes Français?

» — C'est la vérité.

» — Que faisiez-vous à Southampton?

» — Nous ne faisions qu'arriver dans cette dernière ville lors du départ du steamer pour le Hâvre. Avant, nous étions dans le comté de Devonshire, où les mines de charbon abondent.

» — Et vous exerciez la profession de mineur?

» — J'étais mineur.

» — Pourquoi allez-vous en France?

» — Je ne pouvais parvenir à élever ma petite famille. » Et, faut-il l'avouer, la misère commençait à nous gagner...

» — Alors vous pensez arriver mieux à vos fins en France?

» — Nous l'espérons du moins.

» — Ah! très bien.

» — Il est question de colonisation pour la Nouvelle-Calédonie, et...

» — Et?

» — Et nous émigrerons. On dit que c'est un pays riche et fertile.

» — Tant mieux... Tant mieux...

» J'examinai la mise de cet individu. C'était un ouvrier. » Ses habits de velours anglais marron étaient râpés; mais d'une propreté irréprochable. Quant à la femme, elle était aussi simplement mise, ainsi que les petits enfants. On voyait cependant qu'ils étaient endimanchés.

» Cette vue, jointe à l'acte de probité dont le père venait d'être l'auteur, me toucha profondément.

» On voyait que c'était un ouvrier actif, laborieux et animé des meilleurs sentiments.

» — Mais pour aller en Calédonie, repris-je, le transport ne se fait pas gratis pour tous les colons ?

» — Pardon, monsieur, le gouvernement français transporte gratuitement ceux qui désirent coloniser. Ce passage est pris sur les transports de l'Etat, et si la place manque le premier navire de commerce en partance pour la Calédonie nous prend à son bord.

» — C'est parfait.

» — Ce voyage ne vous fait point de peine.

» — Oh! si, monsieur; mais quand on n'a pas son pain à la main, il faut bien l'aller chercher où il se trouve ?... Partout où nous gagnerons notre vie, nous nous trouverons bien.

» Pendant ce colloque la jeune femme essuya une larme furtive, pressant ses jeunes enfants sur son sein.

» — Maman, j'ai faim, dit l'aîné. Je mangerais bien.....

» La mère ne répondit pas. Elle se contenta de montrer un petit panier qui était vide.

» — Nous trouverons du pain en France, dis, maman ? reprit le bébé.

» Un signe affirmatif satisfit à la question enfantine.

» Nous approchions du Hâvre.

» — Monsieur connaît-il la ville? reprit l'ouvrier mineur.

» — Non, je ne la connais point.

» — Je pourrai servir de guide si on le désire.

» — Ce n'est point de refus.

» Ma réponse arracha un soupir de satisfaction au couple malheureux.

» Le steamer était en rade, quelques instants après nous débarquions. Le mineur s'empara de ma valise, seul objet que j'eusse d'embarrassant, pendant que sa femme s'occupait de ses enfants.

» — Où va monsieur?

» — Au meilleur hôtel.

» — Au Grand Hôtel?

» — C'est cela même.

» Nous quittâmes le steamer ensemble, et au bout d'une demi-heure j'étais installé dans une chambre confortable.

» Avant de quitter l'honnête mineur, je voulus le récompenser de sa probité. Je tirai le contenu de ma valise et y laissai mille livres sterling dans le fond.

» — Tenez, mon brave, voici ma valise, je vous en fais cadeau. Si elle a le bonheur de vous suivre, elle vous remémorera sir Harryson et votre loyauté.

» En prononçant ces paroles, je glissai une pièce d'or dans la main de la femme.

» Le mineur me remercia avec effusion, promettant bien de revenir me voir avant son départ.

» Quelques heures étaient à peine écoulées lorsque je vis reparaître mon homme portant encore la fameuse valise.

» — Monsieur s'est trompé, dit-il ; car il reste encore vingt mille francs au moins dans cette sacoche ? Je vous les remets.

» — Ils sont à vous, ami, répliquai-je; ils sont bien à vous ! ils sont votre propriété et non la mienne !

» De grosses larmes inondèrent les joues de cet homme ému qui se jeta à mes pieds, baisant mes mains.

» Puis il me dit un « merci ! » dont je me souviendrai toute ma vie !

» Les transports français à destination de la Nouvelle-Calédonie étaient partis. Il ne restait plus qu'un trois-mâts, *la Belle-Poule*, qui devait appareiller dans peu de jours pour Nouméa. Le mineur obtint passage gratuit sur ce navire pour sa petite famille et pour lui.

» Tous vinrent me faire leurs adieux et me remercier encore une fois avant de partir.

» Depuis cette époque je ne les revis plus.

» Lorsque nous sommes arrivés dans notre exploration sous-marine en face du navire échoué, qui portait sur son arrière le nom de *Belle-Poule* écrit en lettres d'or, je me souvins de *la Belle-Poule* du Hâvre.

» C'est ce qui poussa ma curiosité à bout. Je pénétrai donc dans la coque de ce malheureux bâtiment.

» Spectacle triste à voir. Je ne vis que quelques ossements épars sur le plancher. Deux squelettes se donnaient la main. L'un d'eux tenait la valise que voici..... Je détournai les

reux en proie à un sentiment d'horreur indicible, puis je
saisis la sacoche et m'enfuis.....

» Dès que je fus hors des débris de *la Belle-Poule*, ne
vous apercevant plus, le désespoir envahit mon cœur.

» L'immense solitude sous-marine qui m'environnait
m'inspirait une frayeur indicible. Cependant j'avais offert
ma vie en sacrifice lorsque une main amie vint me tirer de
l'horrible cauchemar dans lequel j'étais plongé. »

» Ainsi parla sir Harryson.

» — Vous êtes un noble cœur! s'écria l'ingénieur en lui
serrant la main.

» Voici un riche comme je les aime!...

» Il aide la pauvreté, il aide la science!... Mais s'il est
beau d'aider les inventions modernes par sa richesse, combien est-il plus beau encore de venir en aide à la misère in-
digente, aux pauvres honteux!

» Sir Harryson ouvrit la sacoche. Les mille livres sterling y étaient encore.

» — C'est le bien des pauvres, murmura-t-il, ça retour-
nera aux pauvres..... »

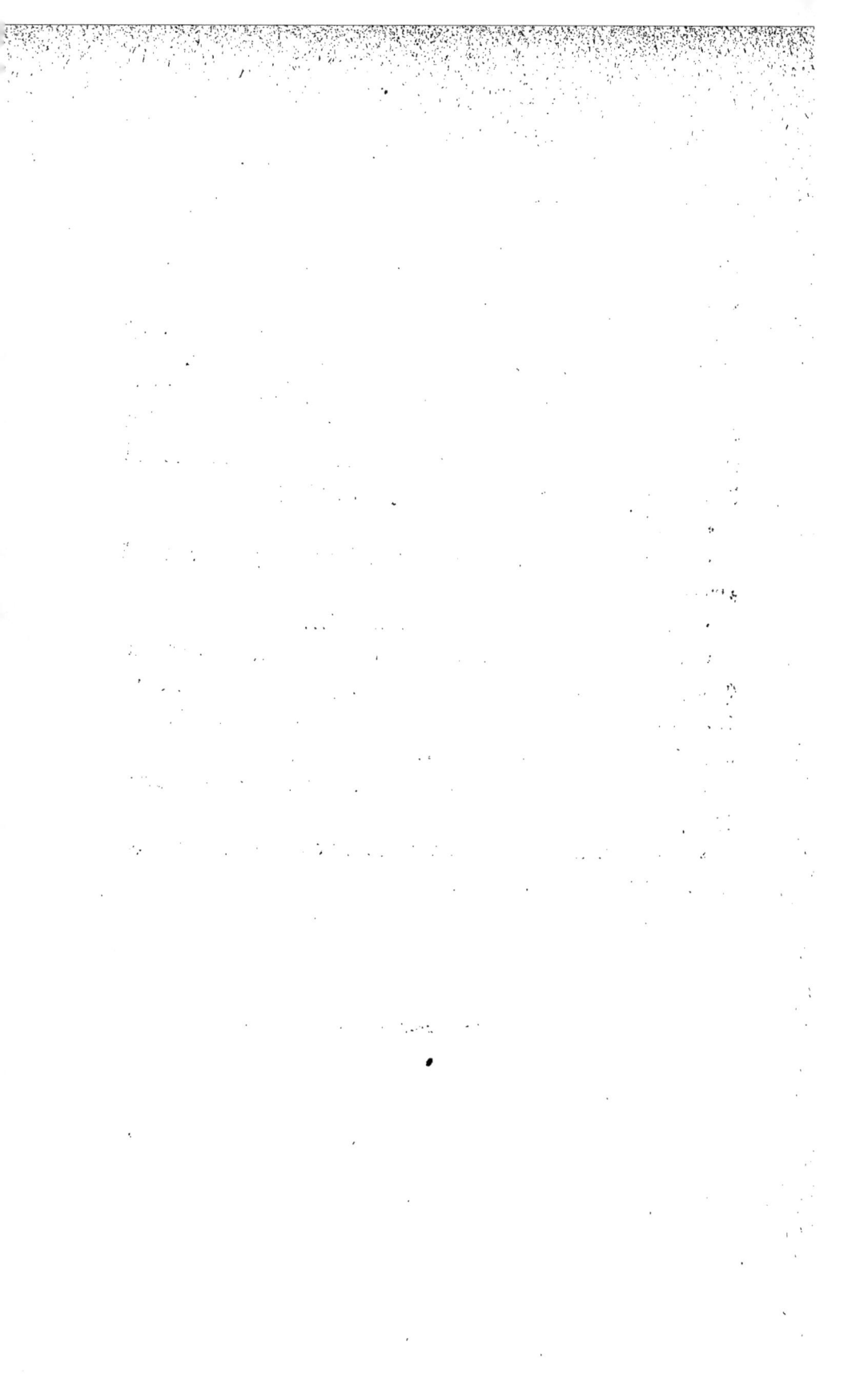

CHAPITRE XX.

—

ENTRE DEUX EAUX. — LA FIN DE LA FIN.

« — Je propose de rentrer dans les flots maintenant, se prit à dire sir Waterpoof, et de mesurer la vitesse de notre marche poussée à son plus haut degré.

» — Je le veux bien, répondit notre généreux commandant. C'est un calcul que je ne m'explique pas bien, et je serais fort aise de le voir exécuter.

» Sir Harryson et l'ingénieur se levèrent pour se diriger vers la salle des machines où les divers appareils de loch étaient suspendus. Quant à moi, désirant prendre un tant soit peu de repos, j'entrai dans la bibliothèque prenant le premier volume qui tomba sous ma main.

» C'était une relation de pêche à la baleine qui fit mes délices pendant une soirée. Et comme je jugeai que nous ne

devions pas être éloignés de la mer Boréale , ce livre m'intéressa d'autant plus.

» Tout le monde connaît l'historique de la pêche à la
baleine et en a lu certainement les détails techniques dans
des ouvrages ayant une valeur supérieure aux miens. L'ouvrage que je tenais entre les mains était de cette dernière
catégorie.

» Je ne dirai qu'un mot des résidences de la baleine et de
ses migrations.

» Bon nombre de savants déclarent que les mers des tropiques sont une barrière que les baleines n'essaient pas de
franchir. Mais cette observation est-elle d'une exactitude ri-
goureuse ?

» On a bien dit qu'il existait de notables différences entre
les baleines australes et les baleines boréales , et cependant
je crois que ces différences sont dans la taille et non dans
l'espèce. Depuis hier seulement les naturalistes ont reconnu
que la *Nord-Caper* était la même que la baleine franche. Et
encore n'osent-ils être trop affirmatifs.

» On a répété que les baleines étaient des animaux d'eaux
froides. Je ne disconviens pas que certains êtres n'aient une
prédilection marquée pour les zônes glaciales; mais on ne
me persuadera jamais qu'un animal qui a longtemps habité
nos mers, celles du Portugal et du Maroc , qu'on rencontre
encore sur les côtes d'Afrique et du Brésil, dans le golfe de
Panama , aux îles Galapagos, sous l'équateur; on ne me persuadera pas, dis-je, qu'il se complaise dans les parages cou-

verts par la banquise. Le besoin de respirer empêche la baleine de rester longtemps sous la glace.

» On objectera, sans doute, que les cétacés des tropiques et ceux du pôle ne sont pas de la même espèce. — Soit. — Mais les différences de leur organisation intérieure et extérieure sont si peu marquées, qu'il est inutile de s'arrêter à cette considération.

» Partout c'est le même mode de respiration, la même nourriture, les mêmes habitudes, les mêmes mœurs.

» Que signifie, je vous prie, une nageoire dorsale en plus ou en moins? Lamark et Darwin ont expliqué l'action des influences intérieures sur les êtres, et les modifications ou transformations que crée cette action.

» Par exemple, voici la baleine des mers tempérées ou chaudes, souvent poursuivie par une masse d'ennemis, tous les forbans aquatiques, plus nombreux dans les régions tropicales que dans les zônes glacées, et obligée de se soustraire à leurs attaques par la fuite. — Etonnez vous après cela, si ses formes sont plus sveltes, plus élancées. Ensuite, elle fréquente les immenses récifs de corail que les infiniment petits dressent dans les flots, récifs qui ont des ramifications surplombantes dans tous les sens et des aspérités aiguës.

» Lorsqu'elle monte à la surface de l'eau pour renouveler sa provision d'air, elle pourrait se blesser; mais la Providence qui l'a si mal douée du côté de la vue, lui a donné en compensation une nageoire dorsale qui *touche* le danger.

Ainsi prévenu l'animal sonde de nouveau et recherche un endroit moins obstrué.

» Maintenant que je suis en règle avec les nageoires dorsales, nous allons brièvement examiner les autres raisons que l'on met en avant pour prouver que les baleines sont bien *autochtones* des mers hyperborécnnes. Comme témoignages irréfutables on invoque la chaleur de leur sang, la couche de lard qui les enveloppe et leur genre de nourriture.

» Ici, je me trouve en contradiction avec Toussenel, que l'analogie entraîne quelquefois un peu loin. Voici ce que dit le brillant écrivain : « Si l'on rapproche les diverses données de l'histoire, et de la circonstance des mers *vertes*, ces deux autres considérations importantes, que la température du sang de la baleine dépasse de huit à dix degrés celle de l'homme, et que toutes les parties de son corps se trouvent isolées du contact de l'eau par une épaisse couche de lard, on sera amené à conclure que la nature n'a pu armer ainsi l'énorme cétacé contre le froid que parce qu'elle le destinait de toute éternité à vivre au sein des glaces. »

« Primo, les mers vertes, c'est-à-dire celles où abondent les zoophytes, les crustacés dont se nourrit la baleine se retrouvent partout et principalement dans les régions intertropicales, régions où la vie se manifeste avec tant d'exubérance, puis dans les courants tièdes. Les eaux du Gulf-Stream sont rendues presque visqueuses par la grande quantité d'animalcules qu'elles contiennent.

» Quant à la température du sang et à la couche de lard,

je ne puis les admettre comme preuves concluantes, attendu que le cachalot qui se plaît dans les parties équatoriales de l'Océan, a le sang aussi chaud et presque autant de lard que la baleine. Du reste je remarque que la plupart des animaux à lard appartiennent au pays du soleil. Le porc, l'hippopotame, le rhinocéros, le babiroussa, le tapir et plusieurs autres pachydermes donnent leurs préférences aux zones torrides.

» La Providence ne ménage pas la graisse aux espèces qui vivent sous les frimas polaires; elle leur octroie plutôt une riche et longue fourrure, une pelisse moelleuse capable de défier les froids qui congèlent le mercure (— 40°).

» Le lard est destiné à un autre objet. Il ne surcharge pas les cétacés, il les allége, il diminue notablement leur densité et favorise ainsi leur rapide locomotion.

» On comprend en effet que la baleine dépourvue de toute arme offensive, recherche son salut dans la fuite, et qu'alors elle soit servie par une légèreté spécifique relative à sa masse et à son poids.

» D'après ce qui précède, il convient d'affirmer que les baleines effrayées par les attaques multipliées de l'homme, ont abandonné les côtes qu'elles fréquentaient autrefois, et qu'elles se sont réfugiées dans les mers voisines du pôle pour y trouver un abri.

» Malheureusement pour elles, leur terrible ennemi a su les y découvrir et les atteindre.

» Une autre raison qui confirme mes assertions et qui

démontre clairement que ces cétacés préféreraient des régions moins rudes et plus hospitalières, c'est qu'ils tendent à disparaître de notre globe.

» Je ne parle pas de la guerre irréfléchie qu'on leur fait et qui active leur destruction, mais des nouvelles conditions climatériques qu'ils subissent au grand détriment de leur santé et de leur reproduction.

» Depuis qu'ils ont été acculés par de là le cercle polaire, depuis qu'ils ne peuvent plus descendre vers le midi pour faire leurs petits et les allaiter tranquillement, ils souffrent et dépérissent. Les baleineaux croissent lentement et succombent, atteints par une maladie que les naturalistes américains croient être une phtisie pulmonaire.

» Ainsi, la jeune plante équatoriale, transportée sous le ciel brumeux du Nord, s'étiole, perd ses brillantes couleurs, penche sa tige vers la terre et meurt.

» Cette allusion élégiaque, peu nouvelle il est vrai, mais toujours poétique, fera-t-elle réfléchir les nations acharnées à la destruction de la baleine ?

» J'en doute.

» En tous cas, il est en leur pouvoir de se réserver des richesses pour l'avenir. Qu'elles offrent quelques milliers de mètres carrés de mer et un peu de soleil au géant, et celui-ci reviendra dans les conditions normales de son existence.

» Sir Harryson entra tout à coup dans la bibliothèque.

» — Nous faisons soixante milles à l'heure! s'écriait-il.

» — Est-ce possible ? répliquai-je.

» — Si c'est possible !

» Le négociant haussa les épaules.

» — Le capitaine doute de tout, reprit-il. Venez et vous verrez.

» J'obéis à l'invitation qui m'était faite.

» En ma qualité de capitaine, mon appréciation devait avoir un certain poids.

» L'opération venait de se terminer lorsque je rejoignis l'ingénieur qui avait le front radieux.

» — Nous sommes par dix mètres de fond, me dit-il et nous filons soixante milles à l'heure. Nous ne sommes pas éloignés du Cap-Horn.

» — J'aime à le croire. Voyons vos calculs ?

» — L'ingénieur me tendit le papier sur lequel, il avait griffonné des chiffres illisibles... Et enfin avec un peu de bonne volonté je pus en reconnaître l'exactitude.

» — C'est parfait, observai-je, en rendant le carnet à son propriétaire. Nous ne tarderons pas à voir les Patagons.

» — Les Patagons !... s'écria sir Harryson.

» — Certainement, les Patagons.....

» — Ah !..... ah !.....

» — A mon avis nous ne sommes plus éloignés du Cap que d'une trentaine de lieues.

» — C'est l'affaire d'un petit quart d'heure.

» — A peu près.

» — Tant mieux.

» — Si nous remontions à fleur d'eau maintenant.

observa l'ingénieur, nous sentirions le degré de température.....

» — Soit, remontons à la surface de l'Océan. Les pompes jouèrent aussitôt et le *Navigator* allégé sortit du sein des eaux.

» Tout à coup un coup sourd retentit sur la plate-forme, puis ce coup fut suivi d'un autre beaucoup plus violent qui amena une chute d'eau dans l'intérieur du navire.

» Intrigués au plus haut point par cet événement inattendu nous nous hâtâmes de monter sur la plate-forme.

» Mais quelle ne fut pas notre stupéfaction en apercevant un baleinier qui croisait non loin de là, puis une grosse chaloupe à vapeur qui nous donnait la chasse.

» — On a pris le *Navigator* pour un monstre marin, dit l'ingénieur.

» — Et c'est ce qui nous a valu un coup de harpon, puis une décharge de pierrier, ajoutai-je.

» Lorsque les gens de la chaloupe nous aperçurent debout, les interrogeant avec notre lunette d'approche, ils reconnurent leur méprise et nous firent signe de suspendre notre marche.

» Sir Harryson n'aurait point été de cet avis; mais la nécessité de réparer notre avarie et d'en demander compte aux auteurs nous engagea fort à répondre à l'invitation qui nous était faite.

» Notre mécanicien descendit aussitôt auprès de la machine et stoppa.

» Nous restâmes une heure environ bercés par les eaux houleuses avant que l'embarcation à vapeur ne nous eut atteints.

» — Eh! s'écria l'ingénieur, il ne faut pas prendre tout ce qui nage entre deux eaux pour des cétacés!...

» Que diantre!... Il faut y regarder deux fois, avant de faire un coup semblable!...

» Les matelots qui montaient la chaloupe, comprirent le langage du mécanicien en chef; car ils étaient de nationalité anglaise.

» — Eh! répliqua celui qui dirigeait l'embarcation, ce n'est pas l'ordinaire de voyager entre deux eaux! Dam! nous pêchons la baleine et nous ne demandons que plaies et bosses!

» — Et c'est pour cela que vous nous avez gratifiés d'un coup de harpon, puis d'une décharge d'artillerie?

» — Nous croyions tirer sur un monstre marin.

» — Tant pis. Nous allons en demander raison à votre chef, ajoutai-je.

» — Il est tout disposé à vous donner satisfaction.

» — Dans ce dernier cas je ne dis plus rien.

» — Venez vous à bord?

» — Volontiers.

» Alors les marins de la chaloupe arrimèrent un câble à l'anneau qui se trouvait sur l'avant du *Navigator*, et la chaloupe à vapeur se mit en marche, nous remorquant à sa suite.

» Lorsque nous arrivâmes près de la *Belle-Louise*, baleinier de premier rang, le capitaine de ce navire était debout sur la dunette. Il témoigna le plus grand étonnement.

» — Hé quoi? dit-il, vous n'avez point harponné la baleine que nous apercevions?

» — Sans doute, répondit un second maître, puisque nous voilà. Mais en revanche nous vous amenons un singulier cétacé...

» — Qui réclame? ajoutai-je...

» Le capitaine de la *Belle-Louise* était de plus en plus ébahi.

» — Qu'est-ce donc? reprit-il.

» — Nous avons harponné le navire sous-marin que voici, s'empressa de répondre le second maître, et ces messieurs ayant subi avarie par notre faute réclament dommage-intérêt.

» — La demande est trop juste pour qu'il n'y soit pas fait droit.

» Nous invitâmes ensuite ce loyal capitaine à descendre pour se rendre exactement compte de l'avarie que ses gens nous avaient causé. Ce dernier obtempéra à notre désir avec toute la grâce dont il était capable.

» Lorsqu'il pénétra dans l'intérieur de notre véhicule sous-marin, son étonnement ne fit que s'accroître à chaque pas. Apercevant la machine locomotrice :

» — Jamais! au grand jamais mes mécaniciens ne seront capables de réparer le dommage causé à une si belle invention!. .

» — Le mal n'est point là, fort heureusement, capitaine, observa sentencieusement sir Harryson.

» — Où donc est-il ?

» — Sur la plate-forme.

» — Ah !... je respire. Si ce n'est que cela, un morceau de tôle bien adapté aura raison de ce trou.....

» — Et ?... la perte de temps ?...

» — Ne la comptons pas, repris-je ; lorsque on fait soixante milles à l'heure, on ne doit point considérer la perte de temps.

» Les mécaniciens de la *Belle-Louise* se mirent à l'œuvre, et en moins de deux heures le dégât était fort proprement réparé.

» — Je serais on ne peut plus heureux de voyager dans une embarcation semblable, murmura notre visiteur.

» — Il ne tient qu'à vous, capitaine, s'empressa de dire sir Harryson, nous n'allons que jusqu'au cap Horn, et si vous le désirez.....

» — Hé ! il y a encore trente bonnes lieues à faire !... je ne pourrais abandonner mon navire aussi longtemps...

» — Bah !... trente lieues ! c'est une bagatelle pour nous ! c'est l'affaire d'une demie-heure.

» — Est-ce possible ?

» — Si c'est possible ? vous l'allez voir.

» Sir Harryson s'empressa de fermer le panneau. Et l'ingénieur mit le mécanisme électrique en mouvement.

» Les yeux du capitaine n'étaient pas assez grands en voyant fonctionner l'ingénieuse invention de sir Waterpoof.

» — Il me semble que je suis dans un autre monde! s'écriait-il, au comble de l'ébahissement. Que le génie de l'homme est grand !...

» — Que la puissance de Dieu est infinie! ajoutai-je.

» Capitaine, ce que vous voyez là n'est rien, comparativement aux merveilles et aux mystères enfouis et ignorés de la plupart des hommes au fond de l'Océan...

» — Vous êtes allés sur les bas-fonds?

» — Oui, comme vous le dites.....

» — Génie des génies !... prodige des prodiges !...

» La demie-heure de marche étant écoulée, nous remont mes à flot. Evidemment on était en vue du cap Horn.

» Sir Harryson apercevant les montagnes de glace qui commençaient à émerger au-dessus de la mer, et sentant la froidure excessive, ne put s'empêcher de frissonner.

» — Merci, dit-il, j'ai vu le cap Horn ; maintenant je suis satisfait.

» — Et les Patagons ? répliqua l'ingénieur.

» — Les Patagons ? nous les verrons une autre fois..... Regagnons la *Belle-Louise*.

» Trente-deux minutes après, montre en main, nous avions rejoint le baleinier qui attendait son capitaine avec impatience.

» Nous déposâmes ce dernier à son bord, lui recommandant bien de remarquer désormais le genre de cétacés auxquels il donnait la chasse.

» — Le vôtre est unique, répondit-il en riant, partout et en tous lieux je saurai le reconnaître.

» Huit jours après nous étions de retour à Southampton.

» Sir Harryson ne survécut pas longtemps à son œuvre bienfaisante. Une fièvre muqueuse l'emporta, laissant ignoré le chef-d'œuvre de l'ingénieur Waterpoof qui lui aussi ne tarda pas à le rejoindre.

» La cupidité et la stupidité des hommes firent que le *Navigator* fut complétement anéanti; pour en tirer une valeur quelconque, on le vendit comme ferraille!...

» Dégoûté autant que scandalisé de la manière d'agir de mes compatriotes, je m'exilai volontairement sur les côtes abruptes du Danemark, voulant oublier la méchanceté des hommes en rêvant encore aux merveilles de la nature. »

J'avais fini de lire le manuscrit du capitaine Boscow, on m'écoutait encore au milieu du plus profond silence.

Alors mon oncle, au comble du ravissement que lui avait causé cette intéressante lecture, s'écria en prenant sa canne et son chapeau :

« — Les Découvertes de l'homme sont admirables! et la Puissance de Dieu infinie!... »

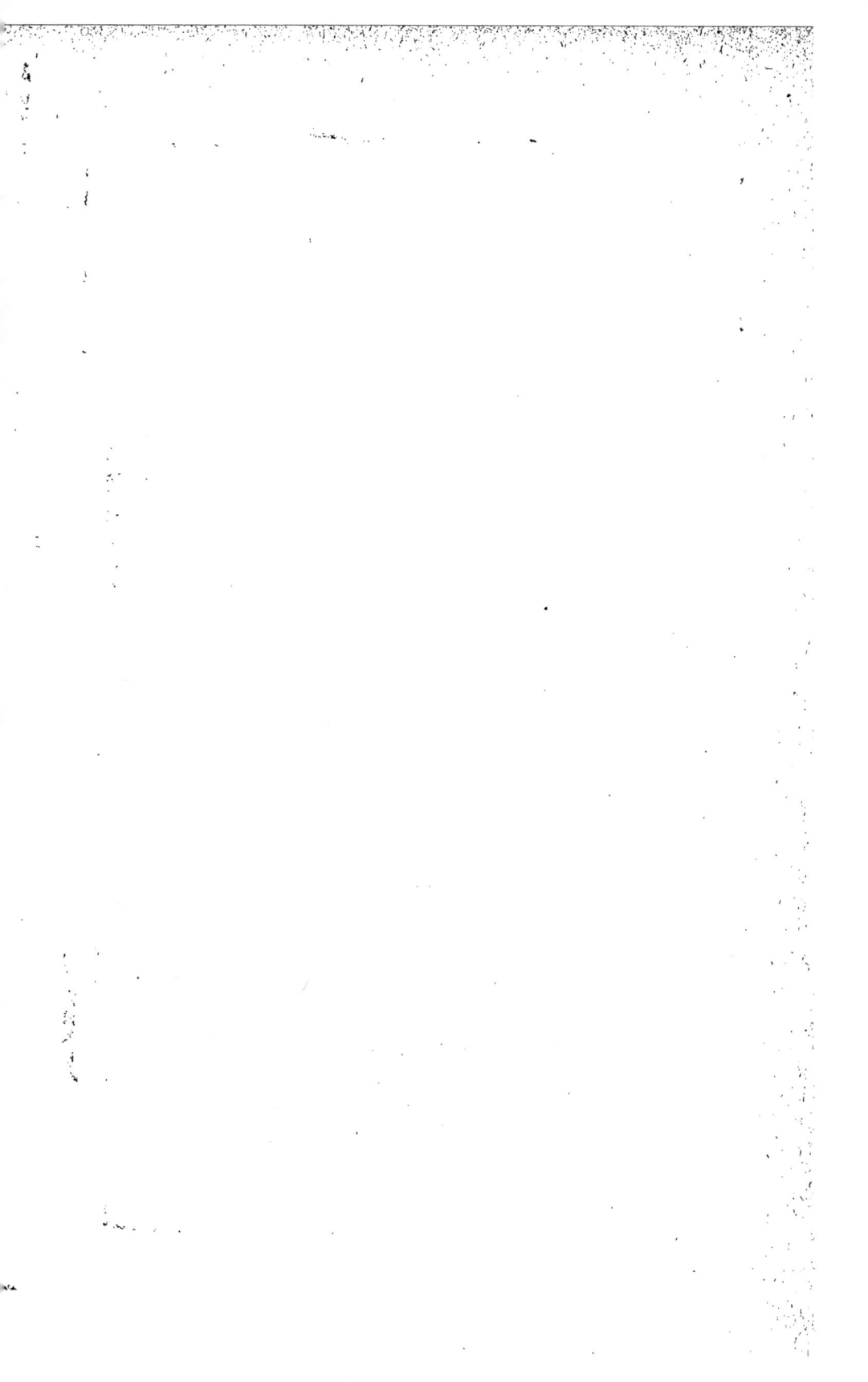

MOUVEMENTS DE LA MER ET LEURS EFFETS

Il y a de fortes raisons de croire que si l'Océan était constamment dans une tranquillité complète, il deviendrait bientôt, malgré sa salure, une masse d'eaux corrompues qui seraient fatales à l'existence des êtres qui sont répandus sur la terre. Les marins ont plus d'une fois observé cette tendance de l'eau de mer à la corruption, après un temps de calme de quelques jours.

Les mouvements et les variations que l'on remarque dans la mer sont donc, on peut le dire, nécessaires et continus. Et on les considère ainsi que la marée et les courants, comme étant l'effet des vents, depuis la plus légère agitation que l'on aperçoit sur la surface jusqu'à la tempête qui amoncèle les eaux de la mer en masses aussi élevées que des montagnes. Il y a aussi des tournants, des jets d'eau, des tremblements de terre qui se font sentir au fond de la mer. La vaste évaporation qui s'élève de sa surface, le retour des eaux qui y rentrent par l'effet des pluies et des rivières, y produisent des variations presque continuelles.

La mer échange aussi très fréquemment avec la terre des portions de son domaine. Elle se retire de quelques places, s'avance subitement dans d'autres, et offre quelquefois de nouvelles îles à nos regards étonnés. Ces particularités méritent d'être considérées séparément.

Que pensez-vous des *marées?* Que diriez-vous si vous vous aperceviez tout à coup que l'étang de votre jardin s'est élevé de plusieurs pieds dans l'espace de peu d'heures; que les eaux se sont répandues sur une partie des bords, et ont laissé l'autre à sec, et que cette élévation et cet abaissement, ce flux et ce reflux, ont lieu à des heures réglées? Vous contenteriez-vous d'observer un fait de cette nature, ou d'entendre dire que la même chose s'est déjà vue dans d'autres jardins? Non, sans doute; vous chercheriez à vous rendre compte de cette sorte de phénomène, et même, si vous n'aviez pas assez de connaissances, assez de lumières pour en pénétrer la cause, vous vous empresseriez d'en demander l'explication à des personnes plus instruites ou ayant plus d'expérience.

Eh bien! les marées de l'Océan ne diffèrent de la circonstance que j'ai supposée, que par les apparences et les effets qui sont infiniment plus vastes. Au lieu de la petite quantité d'eau contenue dans le bassin qui forme l'ornement d'un jardin, sur mer. ce sont des eaux roulantes, couvrant la moitié de la surface du globe, soumise à une influence régulière, à une puissance invisible, mais toujours active, par l'effet de laquelle ces eaux vont et viennent, s'écartent de leur lit, et y rentrent dans un temps limité. On a observé que la mer coule pendant certaines heures, du midi au nord, mouvement que l'on appelle flux, qui dure six heures, et durant lequel la mer s'enfle graduellement, au point qu'elle pénètre dans l'embouchure des rivières et fait remonter les eaux des fleuves jusqu'à leur source.

On voit, au point de *Londres*, les effets du flux et du reflux de la mer. La Tamise qui, sans ce phénomène, suivrait constamment son cours, est périodiquement obligée de remonter. Après un flux non interrompu de six heures, la mer semble rester immobile pendant un quart d'heure, au bout duquel elle commence à se retirer. Ce reflux dure aussi plus de six heures. Pendant ce temps, l'eau s'abaisse et les rivières reprennent leurs cours naturel. Après une pause apparente d'un quart d'heure la mer recommence à couler, et alternativement de la sorte. Ainsi le flux et le reflux de la mer se fait sentir deux fois par jour, mais pas précisément aux mêmes heures; car la période du flux et du reflux étant de douze heures trois quarts et plus, la marée retarde chaque jour son arrivée ou son retour d'une heure.

A quel pouvoir, à quelle influence devons-nous attribuer ce mouvement extraordinaire et périodique que la mer nous offre journellement? il n'est aucun vent ou souffle auquel nous puissions en attribuer la cause. « Ce mouvement dure douze heures et quarante-huit minutes! » Examinons :

La terre tourne régulièrement une fois en vingt-quatre heu
res. Ainsi il n'est pas possible de faire coïncider cette circonstance avec les marées quant à la durée du temps pendant lequel elles ont leur cours. Quel autre objet peut donc
y correspondre? Ne trouverait-on pas la cause de ces mouvements dans les périodes de la lune? Oui, douze heures et
quarante-huit minutes forment précisément une journée lu-
naire; c'est-à-dire que la lune paraît occuper la même place
dans les cieux, de plus en plus tard, chaque jour, pendant
quarante-huit minutes. Ce fait nous apprend que la lune et
l'Océan observent ponctuellement les mêmes époques dans
leurs opérations respectives, et on peut remarquer encore
que les marées varient en degrés et dans leurs effets suivant
les différentes variations de la lune. Il serait donc impossible de supposer que la lune n'a aucune influence sur la
mer, surtout quand la nature n'offre rien de plus propre à
aider nos conjectures. Mais il est constant que le même prin-
cipe ou la même loi de la nature qui rend nos corps pesants,
et les fait graviter vers la terre, nous démontre clairement
que la lune, comme la terre, est une substance attractive,
et qu'elle attire à elle les choses mêmes qui en sont les plus
éloignées, telles que les mers de notre globe.

Cependant il est évident que l'eau est le seul corps ma-
tériel qui ait la faculté de se mouvoir, et de montrer cette
influence; effectivement les eaux s'élèvent à une certaine
hauteur sous l'attraction de la lune, et sont ainsi conduites
de place en place à mesure que la terre fait sa révolution.
Le soleil, quoique à une inconcevable distance, exerce

aussi une certaine action sur les mouvements de la mer; que le soleil et la lune agissent dans la même direction, les marées sont alors plus considérables qu'elles ne le sont communément.

Dans la Méditerranée, dans la mer Noire, ainsi que dans les autres parties de la mer, qui sont presque environnées par la terre, les marées ne se montrent pas à un aussi grand degré que dans les vastes Océans. C'est pourquoi les anciens, qui ne s'éloignaient point de ces rivages, faisaient peu d'attention au flux et reflux dont nous venons de parler. Quelle a dû être la surprise des soldats d'Alexandre, lorsqu'à l'embouchure de l'Indus, ils virent les eaux de ce fleuve s'élever à la hauteur de trente pieds, et s'abaisser d'autant en quelques heures? Ce phénomène produisit dans leur esprit, à ce que dit l'histoire, un mélange de crainte et de curiosité. C'est surtout dans les rivières dont l'embouchure est large et ouverte dans la direction du courant de la marée, que l'effet de celle-ci est le plus particulièrement remarquable. A Chepsto, dans le comté de Monmouth, on a observé la circonstance extraordinaire de l'élévation fréquente de la marée à une hauteur de soixante pieds perpendiculairement; c'est le flux de ce genre le plus élevé que l'on ait vu dans toutes les parties de l'Europe.

La mer a aussi des mouvements d'une autre espèce, ce sont ceux auxquels on a donné le nom de *courants*. On les trouve dans toutes les directions : à l'est, à l'ouest, au nord, au midi, ils sont occasionnés par des causes diverses, telles que les promontoires, le manque de largeur des détroits,

les variations du vent, et les inégalités du sol de l'intérieur
de la mer. Les courants sont très souvent perfides et dangereux pour les marins qui peuvent être trompés par les
apparences; ils les écartent quelquefois d'une manière insensible du but où ils ont l'intention d'aller, et les entraî-
nent vers des rochers où ils doivent infailliblement trouver
leur destruction. Le long des côtes de Guinée, si un vaisseau
dépasse l'entrée d'une rivière dans laquelle il doit naviguer,
le courant s'oppose à son retour, en sorte qu'il est obligé de
reprendre le large, et de faire un grand circuit pour regagner le point qu'il avait manqué.

Mais les courants les plus remarquables sont ceux qui cou-
lent continuellement dans la Méditerranée, à travers le détroit de Gibraltar, et de la mer Noire par l'archipel. Indé-
pendamment de ces eaux, la Méditerranée reçoit encore
celles de nombreuses et larges rivières, telles que le Nil,
le Rhône et le Pô, plus justement appelés fleuves; cependant, elle ne se débarrasse de cette immense quantité d'eau
dans aucune rivière connue; elle ne sort point de ses bor-
nes, et ne se répand jamais au-delà de ses bords. Cette circonstance a longtemps paru merveilleuse. En effet, comment concevoir et expliquer la disposition d'un aussi vaste
concours d'eau? on est réduit à supposer qu'il y a dans quelques parties de la Méditerranée des sous-courants par où
l'eau s'échappe, et dans d'autres peut-être des passages
souterrains. On cite l'histoire d'un pêcheur arabe qui, ayant
pris un dauphin dans la Méditerranée, lui fit une marque
avec un anneau de fer, et le remit en liberté. Quelque temps

après un dauphin fut pris dans la mer Rouge, portant la même marque du même anneau imprimée par l'arabe. Cependant il ne serait pas raisonnable d'ajouter beaucoup de foi à une pareille histoire; il vaut mieux se contenter des conjectures qui se rapprochent le plus des probabilités.

Un courant de l'espèce la plus effrayante est celui qui circule autour de quelque point central, et forme une cavité semblable à un entonnoir dans la mer, laquelle conduit à un abîme inconnu qui est sous l'eau. C'est ce qu'on appelle un tournant, et si nos marins n'étaient pas en quelque sorte familiarisés avec ces sortes de gouffres que l'expérience les a mis en état d'éviter, ils y périraient infailliblement. Le tournant qui se trouve sur la côte de Norwége est considéré comme le plus épouvantable du monde. On le nomme Maelstrom. La masse d'eau qui le forme s'étend dans un cercle de plus de treize milles de circonférence. Au milieu est un rocher contre lequel la marée à l'heure de son reflux se heurte avec la plus grande fureur. Tout ce qui se trouve dans l'étendue qu'elle occupe en ce moment terrible, arbres, bois de charpente, vaisseaux, tout est englouti à l'instant même. Ni l'habileté des marins, ni la force des rameurs ne sont capables de les sauver du naufrage. Le matelot placé au gouvernail s'aperçoit que son bâtiment marche dans une direction contraire à celle qu'il a l'intention de suivre. Les mouvements de son vaisseau, quoique lents d'abord, deviennent à chaque moment plus rapides. Il tourne dans un cercle de plus en plus étroit, jusqu'à ce qu'enfin il se heurte contre le rocher, et disparaît à l'instant. Environ six heures après son naufrage, on le voit quelquefois reparaître, quand la marée par l'effet de son flux le rejette avec une violence égale à celle avec laquelle il a été entraîné et submergé.

Les animaux marins, qui se trouvent sous l'influence de cet horrible tournant, ne peuvent pas plus que l'homme se soustraire à leur infaillible destruction. On a eu l'occasion de remarquer qu'à l'approche du tourbillon, ils jettent des cris et poussent des gémissements causés par la frayeur du danger auquel ils se voient exposés. Les ours se trouvent fréquemment dans le même cas lorsqu'ils tentent de passer à la nage dans l'île voisine du tournant, pour y enlever quelques moutons. On dit que le bruit que font les eaux en se plongeant dans ce gouffre, ressemble au roulement du tonnerre, et que c'est une des choses les plus épouvantables qui soient dans la nature.

Nous avons dit que la situation et l'étendue de ces dangereux tournants, une fois connues des marins, ceux-ci peuvent généralement les éviter ; mais les mouvements irréguliers de la mer, causés par les tempêtes, et les raffales du vent, qui n'ont ni temps ni place fixes, surprennent tout à coup les marins les plus habiles, et les bouleversent au moment qu'ils s'y attendent le moins. La puissance du vent qui déracine les arbres les plus solides, et renverse les bâtiments les mieux construits, doit nécessairement se faire sentir d'une manière plus terrible, quand elle s'étend sur la surface unie et sur les vagues flexibles d'un vaste Océan. On voit alors des montagnes d'eaux s'élever progressivement les unes au-dessus des autres, et des gouffres effrayants s'entr'ouvrir dans la mer en courroux, par la force irrésistible de l'air, au point que les hommes les plus courageux pâlissent, et que l'on manque d'expressions propres à représenter ces scènes de désolation et d'horreur. Tant que dure cette furieuse tempête, les mâts, les voiles et l'équipement des vaisseaux sont fréquemment mis en pièces; le vaisseau lui-même est renversé sur le flanc ou sur la poupe, et l'équipage n'attend pour ainsi dire son salut que d'un miracle opéré en sa faveur.

Mais les tempêtes ne sont pas aussi redoutables, au dire des navigateurs, quand on est ce que l'on appelle en *pleine mer*, c'est-à-dire lorsqu'il ne se trouve plus dans l'Océan ni rochers, ni récifs, ni tournants, ni autres écueils; alors le vaisseau ne courra point le risque d'être poussé ni heurté contre ces instruments de mort. Un bâtiment peut être lancé en un moment jusqu'au sommet d'une vague, et ensuite retomber dans l'endroit le plus profond de la vallée d'eau voisine, il peut être abîmé dans la mer écumante, et survivre encore à la tempête, parce qu'il ne rencontre aucune masse assez solide pour le briser; mais lorsqu'il tombe de tout son poids sur un rocher, lorsqu'il se trouve dans une situation opposée et formant obstacle aux vagues, sa destruction est certaine et prompte. Les rochers et les récifs ou les écueils qui se rencontrent sous l'eau sont la cause de la majeure partie des naufrages que les navigateurs n'essuient que trop souvent. Je vais faire à mes lecteurs le récit d'un événement de cette nature qui ne peut manquer de les intéresser.

Il y a quelques années que le gouvernement anglais envoya un vaisseau nommé la *Bonté* dans les mers du Sud pour se procurer du plan de l'arbre à pin d'Otahiti, et le transporter aux Indes occidentales, où il était destiné à l'usage de nos colonies. La provision d'arbustes faite, le bâtiment était chargé et en marche pour le lieu qui lui avait été assigné, lorsqu'une partie de l'équipage s'insurgea, força le capitaine et dix-huit hommes de descendre dans une chaloupe, et les abandonna à leur sort.

La pesanteur de ce nombre de personnes, ainsi que celle de quelques provisions qu'on leur avait permis d'emporter, faisait enfoncer la chaloupe dans l'eau si près du bord, que pour peu que la mer se fût enflée, hommes et chaloupe eussent été probablement engloutis. Il y avait entre eux et la terre une distance d'environ deux mille cinq cents lieues. En raison du long temps qu'exigeait le voyage, ils étaient réduits à une once de nourriture et un demi-setier d'eau par jour pour chaque homme, et de temps à autre il leur était distribué un léger morceau de porc et un peu de rhum ; un régime aussi sévère, les souffrances qu'éprouvaient ces infortunés, la fatigue, l'exposition continuelle aux injures du temps, ne permettaient pas de supposer qu'ils pussent achever ce voyage. De petits oiseaux qu'ils attrappaient quelquefois étaient partagés strictement entre dix-neuf personnes et mangés avec avidité. Cependant l'équipage vint à bout de gagner sain et sauf Timor, l'une des nombreuses îles de la mer d'Orient, où ils reçurent tous les secours qu'exigeaient leurs besoins, chez les Européens qui y avaient des établissements, et l'équipage fut pourvu des moyens de retourner en Angleterre.

Cependant, les mutins s'étaient établis dans une des îles de la Société, où ils se croyaient d'autant plus en sûreté qu'ils étaient loin de penser que le capitaine et leurs compagnons eussent échappé à une mort qui paraissait certaine ; mais l'île qu'ils occupaient n'était pas même hors du domaine des lois anglaises. La partie de l'équipage de la *Bonté*, arrivée à Londres, adressa ses justes plaintes au gouvernement, qui envoya un autre bâtiment nommé la *Pandore* à la recherche des rebelles, avec l'ordre de les ramener pour subir la punition qu'ils méritaient. Ce voyage fut presque aussi désastreux que celui de la *Bonté*, bien que la cause du désastre en fût très différente. Le capitaine réussit d'abord dans sa mission, en se saisissant des coupables au nombre de quatorze ; mais au retour, son vaisseau fit naufrage, et il en coûta la vie à une partie des passagers.

Un récif est une chaîne de rochers à fleur d'eau. Le récif en forme de barrière, situé sur la côte orientale de la Nouvelle-Hollande, est une chaîne d'une étendue extraordinaire et très dangereuse. A l'arrivée de la *Pandore* près de ce récif, on détacha une chaloupe pour faire la recherche d'un passage qui fut bientôt découvert ; mais pendant la nuit, le vaisseau l'avait dépassé, et avant que l'on eût pris toutes les mesures nécessaires, il heurta contre le rocher à diverses reprises, d'abord faiblement, puis avec tant de violence, qu'en très peu de temps, la cale se trouva remplie d'eau. Malgré le jeu des pompes, l'eau gagna l'équipage et, dans cet état, le vaisseau fit un mouvement qui le précipita fort avant dans l'eau. Il parut bientôt évident que la

Pandore ne tarderait pas à être submergée. En conséquence, on disposa les chaloupes ; on y transporta tout ce qu'on put de vivres et de vêtements, et quatre-vingt-neuf personnes échappèrent à la mort dont elles étaient menacées ; mais trente-un passagers et quatre des coupables périrent avec le bâtiment, qui s'enfonça si avant dans les eaux, qu'à peine apercevait-on la tête du grand mât.

Les courants sont ordinairement très forts dans le voisinage des récifs, et les vaisseaux sont pareillement exposés à être poussés contre eux. Une autre circonstance beaucoup plus surprenante et plus redoutable encore, quoique moins fréquente, est celle dans laquelle un vaisseau est menacé de la chute d'une trombe. On appelle ainsi une colonne d'eau et d'air mue en tourbillon par le vent, et qui, par une extrémité, tient à un nuage, et par l'autre, à la surface de la mer ou d'une rivière. Une trombe peut faire sombrer un vaisseau en un instant. Elle paraît d'abord ordinairement sous la forme d'un nuage épais dont le dessus est blanc et le dessous obscur. De la partie la plus basse de ce nuage pend ou plutôt s'abaisse une sorte de tube ou colonne qui se termine en pointe à mesure qu'elle descend : au-dessous est un grand tourbillon qui semble voler au-dessus de la mer, et monte pareillement en forme de colonne à la rencontre de celle du nuage. Les deux colonnes réunies tournent sur elles-mêmes avec une grande rapidité, et font quelquefois un bruit semblable à celui d'un moulin. Ce mouvement continue jusqu'à ce que le vent ou quelque autre cause rompe la colonne ; alors la masse d'eau qui s'est d'abord élevée retombe tout à coup avec une force et en une quantité suffisante pour submerger un vaisseau assez malheureux pour en être assailli. Lorsque les marins aperçoivent une trombe à une certaine distance, ils déchargent quelquefois contre elle un canon chargé d'une barre de fer, moyen à l'aide duquel on réussit à la disperser. On n'a pas encore pu expliquer d'une manière satisfaisante la cause de cet étonnant phénomène.

C'est ici l'occasion de remarquer les singuliers effets que produisent les mouvements extraordinaires de la mer, effets qui se montrent sous la forme de nouvelles terres, ou d'inondations et envahissements dans différentes parties du monde. Nous avons des raisons de croire que si nous pouvions comparer nos cartes actuelles avec les formes de la terre et de l'eau qui existaient dans les premiers siècles de la vie humaine, nous verrions que les lignes des côtes ont changé si considérablement, que l'on chercherait en vain plusieurs mers et plusieurs terres fort étendues. On sait que les tremblements de terre s'étendent au loin sous l'Océan, et produisent des hauteurs au-dessus de l'eau, tandis que dans d'autres endroits, et peut-être par la même cause, la mer envahit le rivage dans un espace de plusieurs milles.

Dès l'année 1831, une île nouvelle parut tout à coup près des côtes de la Sicile. Elle était particulièrement remarquable en raison de son élévation et de l'énorme volume de vapeur et de fumée qui en sortaient, c'était sans doute le sommet d'un volcan ou d'une montagne enflammée qui avait été élevée par quelques-uns de ces feux intérieurs qu'occasionnent les tremblements de terre. Cependant la possession de cette île n'eût pas été à désirer, quand même son sol et sa forme eussent été les meilleurs du monde ; car quelques mois après son apparition, elle s'enfonça par degrés, et est maintenant à quelques pieds sous l'eau, en sorte qu'elle forme un dangereux écueil contre lequel les marins ont besoin de se tenir en garde.

Mais il y a aussi de vastes étendues de pays habités, dont la possession est due à la retraite de la mer. Tel est le territoire dont se compose la Hollande. Néanmoins la mer pourrait revenir et couvrir de nouveau ce pays, si l'on n'y avait pas construit, à force de travaux, des digues pour empêcher l'eau d'y pénétrer.

La surface de la terre dans cette contrée est au-dessous du niveau de la mer, et les personnes qui approchent de la côte regardent toujours en bas, comme on regarde une vallée du sommet d'une éminence. Cependant la Hollande semble s'élever, d'année en année, par l'effet de la vase qui y est apportée par les rivières et les opérations journalières de l'homme.

Les invasions de la mer sont plus redoutables pour l'espèce humaine que l'agitation qui tourmente cette immense masse d'eau. Nous avons de nombreux exemples des inondations de la mer, et de la submersion de provinces entières disparues sous ses vagues. Plusieurs contrées ainsi ensevelies n'ont que trop confirmé le récit de faits semblables dans l'histoire, et l'on a vu le faîte de leurs maisons et les aiguilles de leurs clochers sous l'eau.

Les vastes états du comte Godwin, noble saxon, dans le comté de Kent, furent submergés dans le onzième siècle, et forment aujourd'hui ce que l'on nomme les Sables de God-win. En 1546, une irruption de même nature fit périr cent mille personnes dans le territoire de Dort, et un plus grand nombre encore dans les environs de Dullast. Dans la Frise et dans la Zélande, il y eut plus de trois cents villages ense-velis sous les eaux, et leurs restes se voyaient encore, il y a quelques années, au fond de l'eau, quand le temps était clair.

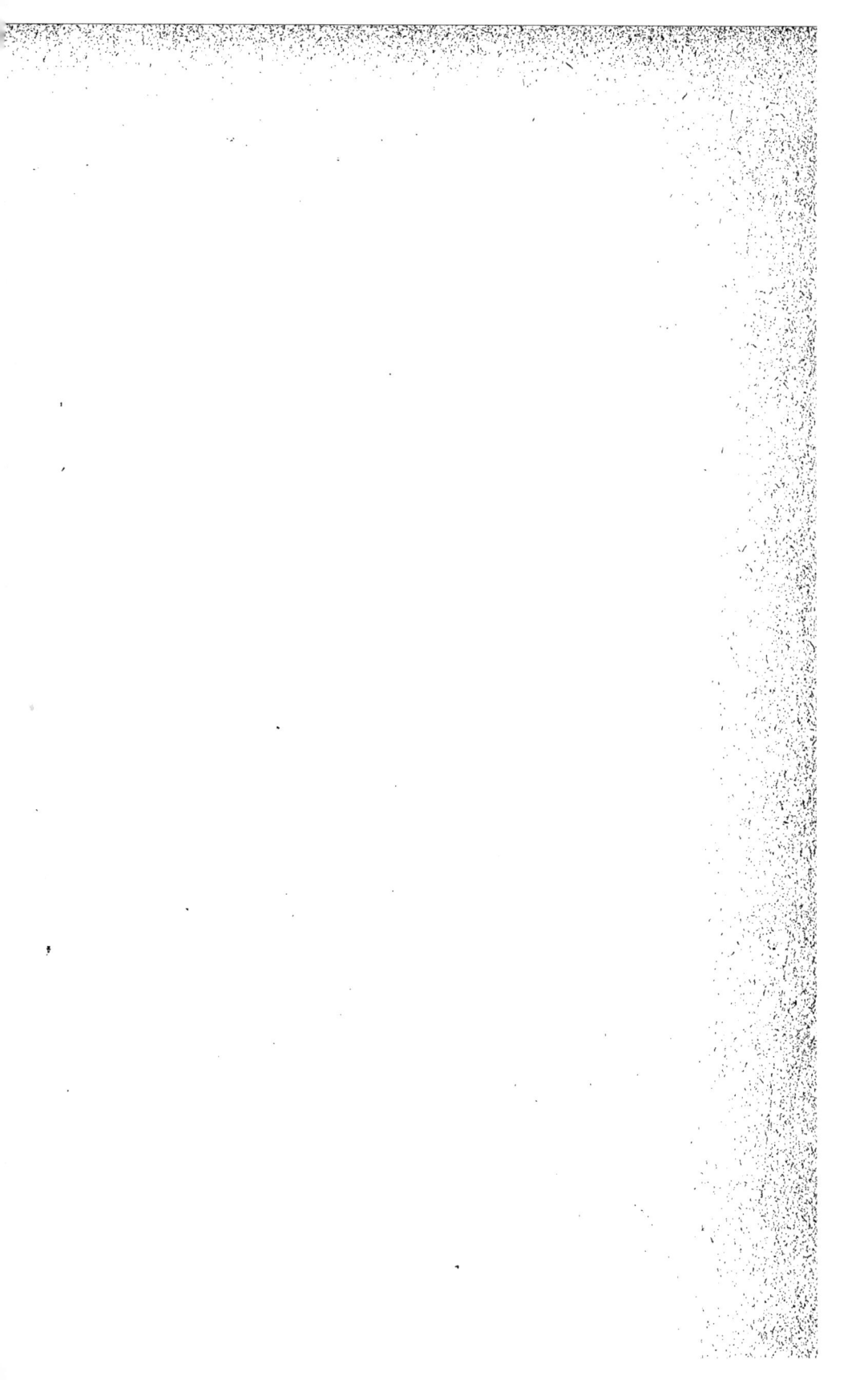

PLANTES MARINES.

Les productions de l'Océan ne sont pas une de ses moindres merveilles. Elles consistent en une si grande variété de formes et de substances qu'elles mettent à la torture l'esprit des naturalistes, et donnent naissance à une infinité de questions. Sont-ce des corps du règne animal ou du règne végétal? jouissent-ils de la vie? sont-ils formés par des créatures vivantes? ou appartiennent-ils à une classe intermédiaire?

Si l'on examine le fond de la mer le long de quelques-uns de ses bords, et particulièrement aux embouchures des rivières, elle paraîtra contenir sous l'eau des forêts d'arbres, des milliers de plantes croissant dans diverses directions avec leurs branches entrelacées, et quelquefois si serrées et si épaisses qu'elles s'opposent à la navigation.

Les rivages du golfe Persique, la majeure partie de la mer Rouge, et les côtes occidentales de l'Amérique, sont tellement engorgées de substances coralines, que quoique les vaisseaux parviennent à s'y frayer un passage à travers, les bateaux et les nageurs peuvent rarement y passer. Ces sortes de bocages aquatiques se composent d'objets de nature différente, et prennent une variété infinie d'aspects inconcevables. Les plantes de corail s'élancent quelquefois comme des arbres sans feuilles ; elles s'étendent souvent sur une large surface en forme d'éventail, et plus souvent encore la tête en est touffue et épaisse comme un fagot. Elles ressemblent aussi à une plante ou à un arbuste garni de feuilles et de fleurs, et souvent aux andouillers d'un cerf.

Dans d'autres parties de la mer, on voit des éponges de différentes sortes présentant des formes plus ou moins bizarres, telles que des champignons, des mitres, des couronnes et des vases. Ces productions diverses, aux yeux d'un spectateur attentif, paraissent être d'une nature végétale, et on les a vues pousser des branches dans l'espace d'une année.

C'est pour cette cause que les naturalistes se sont crus à l'abri de toute contradiction en attribuant ces substances au règne végétal, et que quelques-uns ont assuré d'une manière positive que ce sont des plantes marines fournies de fleurs et de semence comme les productions terrestres. Cependant cette opinion a cédé à un grand nombre de faits qui prouvent que les coraux et les éponges sont le résultat du travail d'animaux dont un nombre infini réunissent leurs travaux imperceptibles jusqu'à ce que de vastes étendues de l'Océan en soient occupées, et qu'il s'en élève des îles formées pour la résidence de l'homme.

Les récifs et les bancs de sable si dangereux pour les vaisseaux, se composent souvent de la formation des madrépores ou du corail. Le madrépore, qui a quelque ressemblance avec le corail, est extraordinairement abondant dans certaines parties des régions méridionales, et forme des lits immenses au fond de la mer.

Le capitaine Cook, et d'autres navigateurs, ont rencontré de ces substances en masses assez fortes pour les empêcher d'approcher de la terre à une distance de plusieurs lieues. Divers voyageurs ont fait mention des dangers auxquels ils avaient été exposés dans un temps d'orage, sur les récifs de corail, non-seulement parce que les vaisseaux, vivement poussés contre ces récifs, avaient couru le risque d'être brisés, mais aussi parce que les câbles avaient été mis en pièces par le frottement réitéré contre les projections raboteuses de ces écueils.

Je ne pense pas qu'il soit nécessaire de donner à mes lecteurs la description du corail; il est probable que presque tous en ont une connaissance plus ou moins exacte, si non en nature, du moins ouvragé et façonné en grains formant des colliers, des chapelets, ou employé à d'autres ornements. Cette production est peut-être de toutes celles de la mer la plus recherchée, toutefois après ses perles, en raison de sa valeur commerciale. C'est en effet un des plus importants articles exploités dans le commerce, non pas comme objet d'utilité, mais comme objet de luxe. Cette plante en nature a l'apparence d'un arbrisseau sans feuilles ; sa tige a quelquefois de trois à six pouces d'épaisseur, et sa couleur est le plus souvent blanche, l'intérieur de sa substance est aussi dur que le marbre.

Les animaux dont les opérations produisent ces vastes et belles constructions de corail sont du genre connu sous le nom de polype, et sont rangés parmi les objets les plus curieux que la nature présente à notre admiration. Leur forme est celle de petits vers ; ils ont un grand nombre de pieds ou antennes, mais on les a souvent confondus avec les plantes. Lorsqu'on les met en pièces, les parties divisées renaissent, et deviennent autant d'animaux distincts et parfaits.

La pêche du corail est un objet très important pour les habitants de Marseille, de la Catalogne et de la Corse. Les parties de la Méditerranée d'où l'on se procure principalement cette plante, sont les côtes de Tunis et de Sardaigne, et l'entrée de la mer Adriatique.

Le gouvernement de la Grande-Bretagne a conclu, il y a quelques années, un traité avec les puissances Barbaresques, pour avoir la liberté de pêcher du corail dans leurs eaux. Le produit de cette pêche est transporté communément à Malte et en Sicile, où cette plante est mise en œuvre sous la forme de colliers ou d'autres ornements, et ensuite importée ou exportée suivant les besoins du commerce.

La pêche du corail se fait à l'aide d'une machine très simple, consistant en deux barres de bois ou de fer croisées et garnies de cordes peu serrées. Cette machine étant enfoncée dans l'eau par un poids quelconque, est ensuite tirée le long des rochers où l'on suppose que le corail se trouve en plus grande abondance. Une grande partie s'attache aux cordes, et est ainsi enlevée et jetée sur les bateaux.

Le corail se vend ou s'achète au poids. Les grains les plus gros valent communément quarante schellings (48 francs l'once). Tandis que le prix des plus petits ne s'élève pas à plus de cinq francs. Il existe de très beaux morceaux de sculpture en corail. Un échiquier avec toutes ses pièces est ce qu'il y a de plus remarquable en ce genre; on le voit dans le palais des Tuileries, à Paris. L'espèce de corail de couleur blanche que l'on emploie à de simples ornements, n'est que très peu estimée.

L'éponge est pareillement une substance animale qui se trouve dans la mer Méditerranée. Elle est ramassée sur des rochers, dans l'eau à environ trente pieds de profondeur, par des plongeurs extrêmement habiles à l'enlever. Sa croissance est si rapide qu'on la retrouve fréquemment en état de perfection sur les mêmes rochers qui en avaient été entièrement dépouillés deux ans auparavant.

Mais les abimes de l'Océan recèlent des substances d'une bien plus grande valeur que celles dont nous avons jusqu'ici fait mention, et qui occupent un rang distingué, même parmi les joyaux des couronnes et des sceptres. Ce sont les perles qui nous sont fournies toutes polies par la main de la nature, et qui n'exigent d'autre travail que celui de les tirer des profondeurs de la mer, travail si pénible et si périlleux, qu'il en augmente beaucoup le prix.

Les perles sont des corps de forme presque globulaire,

qui se trouvent dans les coquilles d'une sorte d'huîtres ou de moules. On suppose qu'elles doivent leur naissance à quelque maladie ou gêne éprouvée par l'animal, laquelle a produit une espèce de nœud ou de protubérance. Les coquilles qui sont piquées par des vers, ou par toute autre cause, sont celles qui contiennent ces perles, dont la grosseur varie depuis celle d'une tête d'épingle jusqu'à celle d'une forte noix-muscade.

On trouve les perles dans diverses parties du monde, et on en a pêché quelques-unes de la plus grande valeur dans les eaux de la Grande-Bretagne; mais les perles d'Orient sont celles que le commerce recherche particulièrement. Un beau collier de perles plus petites que des pois, vaut de cent soixante-dix à trois cents livres sterling (4,000 à 7,000 fr.), tandis qu'un autre, de grains égaux en grosseur à des grains de poivre, ne vaut pas plus de vingt-quatre francs. Le roi de Perse possède une perle estimée cinq mille livres sterling (152,000 francs). Les perles des mers de Ceylan sont les plus estimées en Angleterre.

Il y a deux saisons surtout préférées pour la pêche des perles dans les Indes orientales. La première a lieu en mars et en avril; la seconde, dans les mois d'août et de septembre. Dès l'ouverture de la saison, on voit quelquefois les eaux couvertes par deux cents à deux cent cinquante barques contenant chacune un ou deux plongeurs. Aussitôt que les bateaux arrivent à l'endroit où se trouvent ces coquilles, chaque plongeur attache sous lui une pierre pour servir de lest dans le bas, et à l'un de ses pieds un autre poids au

moyen duquel il est bientôt descendu au fond de la mer.
Chaque plongeur se munit aussi d'un panier attaché à son
cou par une longue corde dont un bout est retenu dans le
bateau. Ainsi cette pauvre créature plonge quelquefois à
soixante pieds de profondeur. Comme il n'a pas de temps à
perdre, dès qu'il a atteint le fond, il se met à courir de
côté et d'autre, quelquefois marchant sur des pointes de
rocher fort ardues, et ramassant toutes les huîtres qu'il rencontre et les entassant dans son panier.

Il fait toujours assez clair pour que les plongeurs puissent
distinguer les coquilles qu'ils cherchent; mais ils sont souvent assez malheureux pour rencontrer des poissons mons-
trueux auxquels ils ne peuvent échapper, malgré l'adresse
avec laquelle ils troublent l'eau dans ces occasions. De tous
les dangers auxquels cette pêche expose les plongeurs, celui-
ci est un des plus grands et des plus communs. Les meilleurs plongeurs sont, dit-on, ceux qui restent dans l'eau
pendant l'espace de dix minutes; mais les efforts qu'ils
font, la peine qu'ils souffrent, et les risques qu'ils courent,
sont extrêmes. Lorsqu'ils sentent la nécessité de remonter,
ils tirent la corde, à l'aide de laquelle ceux qui sont dans
les bateaux les retirent de l'eau et vident le panier qui contient, si la pêche a été bonne, cinq cents à cinq cent cinquante huîtres. On les laisse en tas jusqu'à ce que les poissons meurent, et que les perles sortent des coquilles.

Examinons maintenant les productions végétales de l'Océan.
L'algue est jetée sur nos rivages par chaque marée. Elle paraît extrêmement belle, et est vraiment curieuse; néanmoins

elle ne peut être vue dans toute sa perfection que lorsqu'elle est sur son propre élément. Les variétés des plantes marines sont nombreuses. La plupart d'entre elles sont connues par les naturalistes sous le nom général de *Fucus*. Les botanistes qui accompagnèrent le capitaine Cook dans ses voyages en découvrirent une d'une grandeur si énorme, qu'ils la nommèrent *Fucus giganteus*. Ses feuilles avaient quatre pieds de long, et ses tiges cent vingt. On en a découvert depuis ayant huit cents pieds de longueur.

Le Polyschides, ou goulu de mer, est cependant regardé communément comme le végétal marin de la plus grande dimension. Sa croissance s'étend à dix pieds en longueur. Sa racine est composée de plusieurs petits crochets qui tous paraissent tenir de la pierre sur laquelle on le trouve. Ces crochets ressemblent en quelque sorte aux tendrons de la vigne. Les tiges sont entrelacées d'une manière curieuse, et les feuilles sont partagées en huit parties. Celles-ci étant très longues, font, à ceux qui voient cette plante flottant dans l'eau, l'effet d'une pièce de peau coupée en plusieurs courroies.

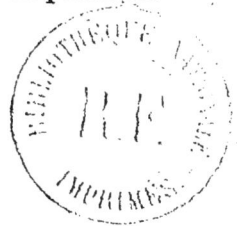

FIN.

TABLE.

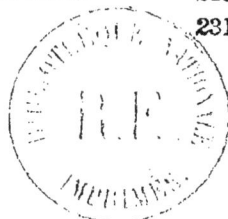

FIN DE LA TABLE.

Limoges. — Imp. Eugène ARDANT et Cie